刘涛·西子

用线画出来的工笔时尚

刘涛／王西子　著

中国纺织出版社有限公司

图书在版编目（CIP）数据

刘涛·西子 ：用线画出来的工笔时尚 / 刘涛，王西子著. -- 北京 ：中国纺织出版社有限公司，2019. 10
ISBN 978-7-5180-6400-7

Ⅰ. ①刘… Ⅱ. ①刘… ②王… Ⅲ. ①时装-绘画技法 Ⅳ. ① TS941.28

中国版本图书馆 CIP 数据核字（2019）第 150575 号

策划编辑：余莉花　　责任校对：高　涵
版式设计：茹玉霞　　责任印制：王艳丽

中国纺织出版社有限公司出版发行
地址：北京市朝阳区百子湾东里A407号楼　邮政编码：100124
销售电话：010—87155894　传真：010—87155801
http：//www.c-textilep.com
E-mail：faxing@c-textilep.com
中国纺织出版社天猫旗舰店
官方微博http：//weibo.com/2119887771
北京华联印刷有限公司印刷　各地新华书店经销
2019年10月第1版第1次印刷
开本：635×965　1/8　印张：22
字数：132千字　定价：158.00元

序

时装画大约产生于 16 世纪，一些关于时装变迁的版画可以看作是时装画的前身。为了记录和传达各个历史时期的流行信息，法国诞生了最早的时尚类刊物 *Le Mercure Galant*，由此，法国服饰开始影响欧洲，巴黎成为时尚中心。

时装插图是绘画与艺术的结合。此时涌现出一大批时尚插图画家。他们运用手中的画笔成为时尚流行的推动者，也是时尚流行的记录者。从 1520 ~ 1610 年，有超过 200 幅表现不同时装形象的版画、木刻画记录了不同地区时装文化的变迁，为后人时装设计和时尚插图的创作留下了宝贵的资料。

时装插画的历史伴随着世界时装史的萌芽和诞生共同发展，从世界最古老的洞窟壁画到日本江户时代的民间版画浮世绘，无不记录着插画的发展。然而它真正的黄金时代则是 20 世纪 50 ~ 60 年代从美国开始的，当时刚从大美术作品中分离出来的插画明显带有绘画色彩，而从事插画的作者也多半是职业画家，之后又受到抽象主义、表现主义画派的影响，从具象转变为抽象。20 世纪 70 年代，时尚插画又重新回到了写实风格。

在现代艺术领域中，时尚插画设计可以说是最具有浪漫味道和表现意味的。通行于国内外市场的商业插画包括出版物、卡通、吉祥物、影视与游戏美术设计和广告插画等形式。插画已经遍布于电子媒体、商业场馆、公众机构、商品包装、影视演艺海报、企业广告，甚至 T 恤、日记本、贺年卡等设计中。插画是视觉传达的一种艺术形式，目的在于营造视觉效果、渲染文字，使文字内容更直观、更巧妙地传达给读者。

线条表现和在有色纸上作画是本书作品创作的风格。线条是所有艺术创作的基础，它可以在各种纸上勾勒出大小、远近、深浅，表现高贵、优雅等美感。中国传统绘画中关于线条的运用有十八描之说，每种线描方法都有自己的表现形式。在长期的绘画创作中，我们总结并形成了在有色纸上绘画的风格，创作出了自己的线描方法，这种方法暂时称为时尚线描法。运用这种流畅的线条和有色纸刻画、表现出来的女性形象，前卫、时尚，具有鲜明的时代感。

每幅作品在创作时，首先要确定运用什么样的有色纸。在有色纸上创作与普通白纸有很大的区别，白纸涂上什么颜色就是什么颜色，有色纸则不同，特别是颜色比较纯的有色纸表现起来很有难度，要求对色彩有一定的表现能力和驾驭能力。通过多年的实践，才逐步掌握了在有色纸上的作画技巧，用色的厚薄、干湿和色相的变化进行大面积均匀的涂抹等，将有色纸与时尚线条有机地结合在一起，通过这样大胆的碰撞，使线条与有色纸创作出来的女性形象充满了繁花似锦的魅力和视觉冲击力，使作品尽显奢华与惊艳。

针管笔画出来的线均匀挺括，有穿透力，具有金属的质感。在创作时，先用笔在有色纸面上画出主线，然后围绕着主线开始线条的游走，自由地反转折回，随着线条的重复堆积，所画出来的形象在有色纸上渐渐清晰、饱满、丰富起来，作品在线条的流动下，一气呵成。

在创作中，常常使用两种笔或多种笔结合起来使用，如钢笔和马克笔结合起来，有线与面的视觉效果。钢笔画出的线面柔软流畅，马克笔的线条却浑厚、饱满。线条有虚有实，使用不同色彩的笔绘制的线条色彩鲜艳而靓丽，使画面具有很强的色彩感和装饰趣味。不同粗细、不同色彩的线条，线线相连，层层叠叠，加上画面生动的姿态，使画出来的人物形象摇曳生姿，呼之欲出，淋漓尽致地将女性美表达出来。

刘霞

2019 年 2 月 12 日

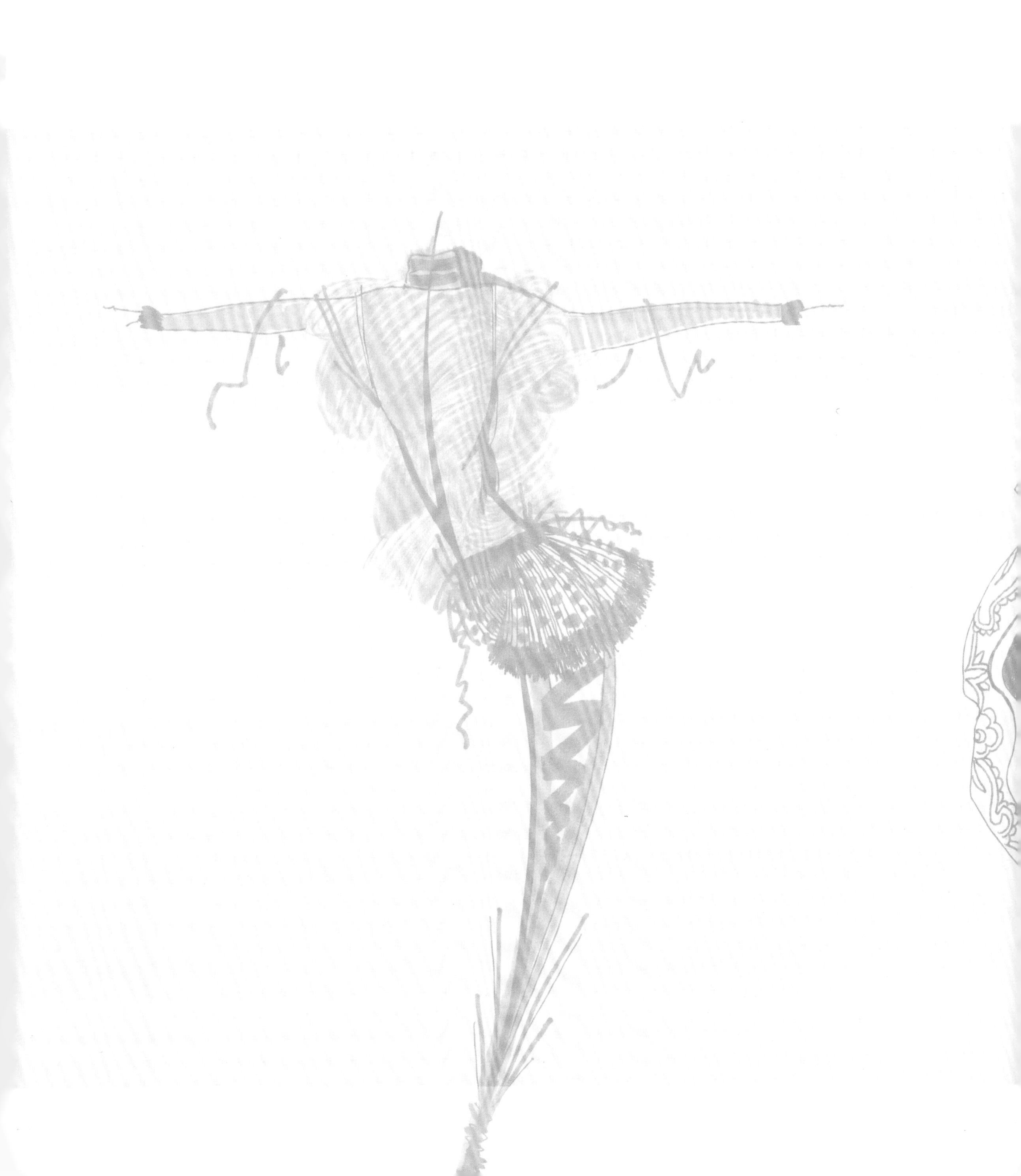

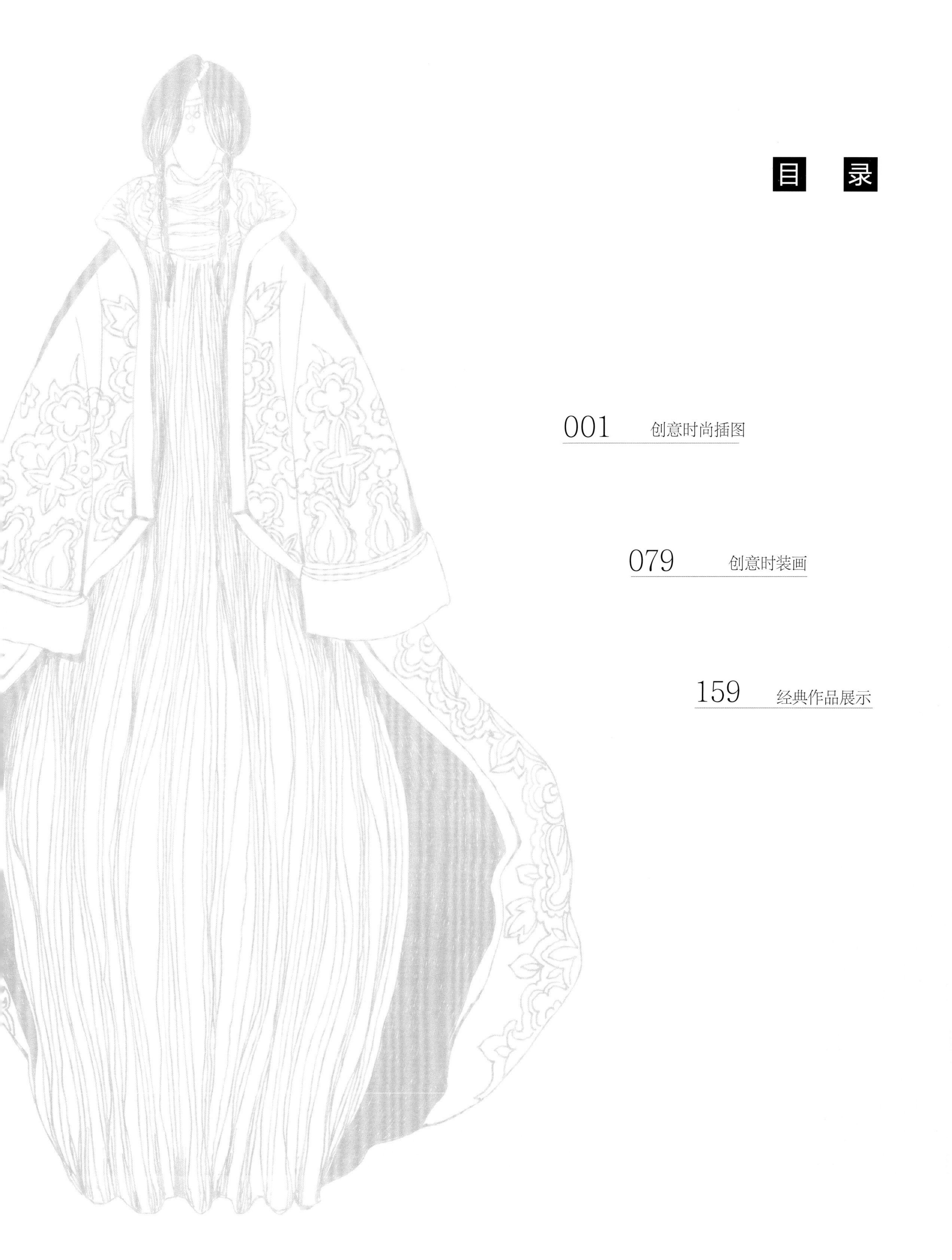

目 录

创意时尚插图

创意插图运用流行风尚和流行元素，通过艺术化的表现手法进行描绘，走在时尚的前沿，引导潮流，倡导前卫性的时尚。创意时尚插图中女性的头发是重要表现之处，一丝一扣百转千回，用各种彩色笔画出来的头发不尽相同。有的线刻画出来的头发细如游丝、有的线刻画出来的头发流畅如瀑布、有的线刻画出来的头发蓬松如羽毛。古人用曹衣出水、吴带当风来描述中国画中的线条，仅仅一条线便足以表现出女性高贵和性感，再加上一个设计巧妙的头饰，就可以展现出女性风姿绰约、神秘莫测、风情妖娆的形象，真是令人兴奋。

作品名称：公爵夫人
表现工具：中性笔
作品用纸：A4 纸
作品时间：2003 年

作品名称：苏菲的帽子
表现工具：中性笔
作品用纸：A4 纸
作品时间：2014 年

作品名称：伊拉克少女
表现工具：中性笔
作品用纸：A4 纸
作品时间：2014 年

作品名称：蝴蝶夫人
表现工具：中性笔
作品用纸：A4 纸
作品时间：2014 年

作品名称：草帽女孩
表现工具：中性笔
作品用纸：A4 纸
作品时间：2015 年

作品名称：红唇之吻
表现工具：中性笔
作品用纸：A4 纸
作品时间：2012 年

作品名称：沙漠之花
表现工具：中性笔
作品用纸：黄色卡纸
作品时间：2008 年

作品名称：异域风情
表现工具：中性笔
作品用纸：灰色纸
作品时间：2018 年

作品名称：甜蜜的忧愁
表现工具：中性笔
作品用纸：A4 纸
作品时间：2015 年

作品名称：反穿衣
表现工具：中性笔
作品用纸：A4 纸
作品时间：2004 年

作品名称：奥菲利亚
表现工具：素描铅笔
作品用纸：制版纸
作品时间：1986 年

作品名称：绅士的帽子
表现工具：中性笔
作品用纸：A4 纸
作品时间：2004 年

作品名称：拉夫领
作品说明：表现出如女王般的高傲姿态。
表现工具：钢笔、马克笔
作品用纸：A4 纸
作品时间：2004 年

作品名称：雾霾

作品说明：一个设计师的呐喊，我们生存的环境再不治理，子孙就要穿上这样的服装生存于世。

表现工具：钢笔、马克笔

作品用纸：A4 纸

作品时间：2014 年

作品名称：蓬皮杜夫人的夜宴
作品说明：蓬皮杜是时尚的追求者、女权的先锋。
表现工具：蓝色彩笔、针管笔
作品用纸：A4 纸
作品时间：2014 年

作品名称：爱·美·诗

作品说明：旗袍能将女性美勾勒得淋漓尽致，再加上爱情与诗歌的滋养，使女性展现出柔媚、优雅的形象。

表现工具：蓝色彩笔、针管笔

作品用纸：A4 纸

作品时间：2014 年

作品名称：金项圈
作品说明：在欧洲访学时购买的饰品，巧妙地用于创作之中。
表现工具：黑色中性笔、蓝色水性笔、马克笔、彩色铅笔
作品用纸：淡紫色彩纸
作品时间：2017 年

作品名称：生“绳”不息

作品说明：用绳子作为服饰上的装饰，
百转千回，生生不息。

表现工具：针管笔、马克笔、水彩颜料

作品用纸：A4 纸

作品时间：2014 年

作品名称：艺伎

作品说明：在日本参观艺伎一条街后，又观看了电影《艺伎回忆录》，由此得到启发和灵感，表现出艺伎头上层层叠叠的头发。

表现工具：蓝色圆珠笔

作品用纸：A4 纸

作品时间：2017 年

作品名称：光头天使
作品说明：看到一位白血病女孩因化疗而脱光了头发有感而创作。
表现工具：蓝色圆珠笔、马克笔
作品用纸：A4 纸
作品时间：2014 年

作品名称：怎样的优雅
作品说明：瞬间捕捉到的女性神态，带着一种妩媚、优雅。
表现工具：钢笔、马克笔、针管笔、金色笔
作品用纸：淡绿色彩纸
作品时间：2016 年

作品名称：有温度的性感
作品说明：摆个性感 POSS。
表现工具：钢笔、马克笔、针管笔、金色笔
作品用纸：淡蓝色彩纸
作品时间：2016 年

作品名称：孔雀公主

作品说明：低迷的眼神，不屑的姿态，骄傲的孔雀公主。

表现工具：钢笔、马克笔、水粉颜料

作品用纸：灰色纸

作品时间：2018 年

作品名称：蒙古王妃
作品说明：虽然隐去了眼睛和头发，但依然可见“王妃”的美丽非凡。
表现工具：马克笔、水粉颜料
作品用纸：淡蓝色彩纸
作品时间：2017 年

作品名称：美

作品说明：美无处不在，不经意的一个动作，
不起眼的一个饰品。

表现工具：钢笔、马克笔、绿色圆珠笔

作品用纸：A4 纸

作品时间：2015 年

作品名称：红发女孩

作品说明：一顶小花帽为装饰，桀骜不驯中透着天真、可爱。

表现工具：红色圆珠笔、钢笔、马克笔

作品用纸：A4 纸

作品时间：2014 年

作品名称：非凡的头饰
作品说明：根据秀场女郎写生创作。
表现工具：中性笔、马克笔
作品用纸：黄色彩纸
作品时间：2015 年

作品名称：天使在人间
作品说明：根据秀场写生创作。
表现工具：黑色中性笔、马克笔
作品用纸：黄色彩纸
作品时间：2016 年

作品名称：女海盗

作品说明：化装舞会造型。

表现工具：马克笔、彩色圆珠笔、水粉颜料

作品用纸：橙红色彩纸

作品时间：2018 年

作品名称：梦想的翅膀

作品说明：以夸张的手法表现插上了梦想的翅膀的人台帽饰。

表现工具：彩色中性笔、马克笔

作品用纸：淡黄色彩纸

作品时间：2018 年

作品名称：龙虾头饰

作品说明：参加中国国际时装周之后吃龙虾有感而画。

表现工具：钢笔、马克笔、金色笔

作品用纸：蓝色彩纸

作品时间：2017 年

作品名称：神秘的吉普赛女郎

作品说明：神秘的眼神、浓艳的嘴唇、古老的饰品，展现了吉普赛女郎的魅惑、妖娆。

表现工具：橙色圆珠笔、彩色中性笔

作品用纸：蓝色彩纸

作品时间：2015 年

作品名称：西西公主

作品说明：为女儿画的肖像，淡彩钢笔线描。

表现工具：钢笔、马克笔

作品用纸：粉色彩纸

作品时间：2016 年

作品名称：蓝精灵

作品说明：尝试运用另一种线条的方法来刻画烫头的蓝精灵。

表现工具：蓝色圆珠笔、黑色马克笔

作品用纸：淡绿色彩纸

作品时间：2018 年

作品名称：民国美女
作品说明：人间四月天的美好。
表现工具：针管笔、马克笔
作品用纸：深粉色彩纸
作品时间：2015 年

作品名称：埃及艳后
作品说明：埃及旅游后对埃及文化有感而发创作。
表现工具：针管笔、马克笔
作品用纸：绿色彩纸
作品时间：2016 年

作品名称：涛之帆

作品说明：2008 年，中国奥运会期间，为青岛帆船比赛而创作。

表现工具：针管笔、中性笔、绿色圆珠笔

作品用纸：橙色彩纸

作品时间：2008 年

作品名称：金鸟笼
作品说明：女性被束缚的寓意。
表现工具：马克笔、蓝色圆珠笔、金色笔
作品用纸：淡绿色彩纸
作品时间：2018 年

作品名称：工笔与时尚

作品说明：用国画手法表现服饰上的皱褶，以体现女人如花，含苞待放意幽幽。

表现工具：国画颜料

作品用纸：绢

作品时间：1999 年

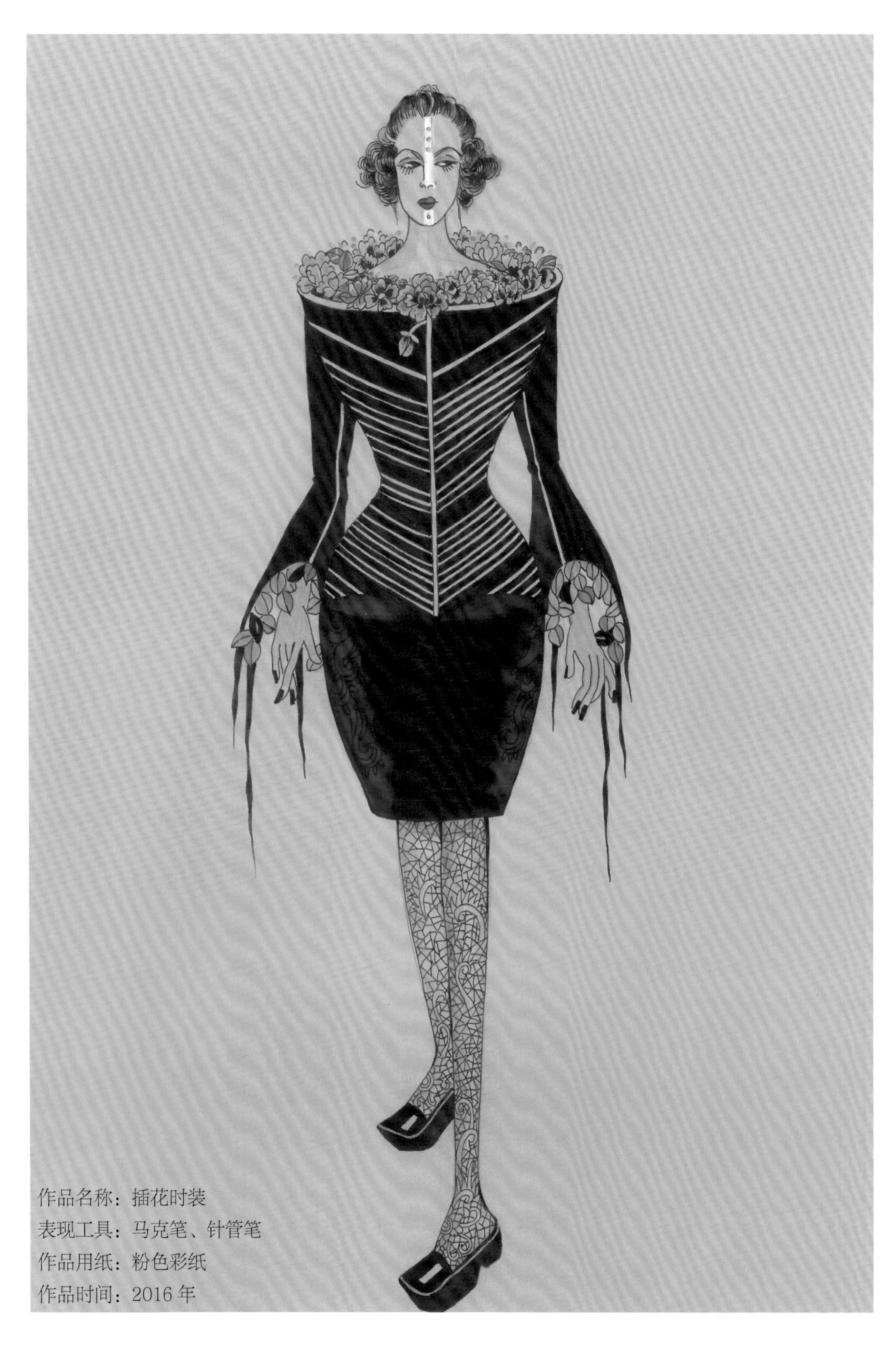

作品名称：插花时装
表现工具：马克笔、针管笔
作品用纸：粉色彩纸
作品时间：2016 年

作品名称：萝莉时尚毛裙系列一
表现工具：中性笔、彩色铅笔、马克笔
作品用纸：深蓝色彩纸
作品时间：1998 年

作品名称：萝莉时尚毛裙系列二
表现工具：中性笔、彩色铅笔、马克笔
作品用纸：深蓝色彩纸
作品时间：1998 年

作品名称：欢乐颂系列一
表现工具：蓝色马克笔、银色笔、马克笔、彩色铅笔
作品用纸：深粉色彩纸
作品时间：2000 年

作品名称：欢乐颂系列二
表现工具：马克笔、银色笔、彩色铅笔
作品用纸：深粉色彩纸
作品时间：2000 年

作品名称：欢乐颂系列三
表现工具：银色笔、马克笔、彩色铅笔
作品用纸：深粉色彩纸
作品时间：2000 年

作品名称：欢乐颂系列四
表现工具：银色笔、马克笔、彩色铅笔
作品用纸：浅黄色彩纸
作品时间：2000 年

作品名称：伊甸园
表现工具：金色笔、马克笔
作品用纸：黄色彩纸
作品时间：1997 年

作品名称：男式成衣系列一
表现工具：彩色铅笔、马克笔
作品用纸：蓝绿色彩纸
作品时间：2000 年

作品名称：男式成衣系列二
表现工具：彩色铅笔、马克笔
作品用纸：黄色彩纸
作品时间：2000 年

作品名称：百乐门舞女
表现工具：马克笔、彩色铅笔、银色笔
作品用纸：淡粉色彩纸
作品时间：2002 年

作品名称：波西米亚女郎
表现工具：彩色铅笔、中性笔
作品用纸：金黄色彩纸
作品时间：1998 年

作品名称：无题
表现工具：马克笔、彩色铅笔
作品用纸：淡黄色彩纸
作品时间：1999 年

作品名称：牛仔精神
表现工具：彩色铅笔、马克笔
作品用纸：粉红色彩纸
作品时间：2001 年

作品名称：艺伎系列一
表现工具：彩色铅笔、马克笔
作品用纸：金黄色彩纸
作品时间：2003 年

作品名称：艺伎系列二
表现工具：马克笔、彩色铅笔
作品用纸：淡黄色彩纸
作品时间：2013 年

作品名称：绝代系列一
表现工具：马克笔、彩色铅笔
作品用纸：金黄色彩纸
作品时间：2003 年

作品名称：绝代系列二
表现工具：马克笔、彩色铅笔、彩色水笔
作品用纸：金黄色彩纸
作品时间：2003 年

作品名称：都市风情
表现工具：中性笔、针管笔、马克笔
作品用纸：白水彩纸
作品时间：2004 年

作品名称：天使之翼系列一
表现工具：马克笔、中性笔
作品用纸：淡绿色彩纸
作品时间：2005 年

作品名称：天使之翼系列二

表现工具：马克笔、中性笔、国画颜料

作品用纸：淡绿色彩纸、墨绿色彩纸

作品时间：2005 年

作品名称：钢笔线描
表现工具：中性笔
作品用纸：蓝色彩纸、黄色彩纸
作品时间：2006 年

作品名称：时装画插图
表现工具：灰色马克笔、水彩颜料、国画颜料
作品用纸：灰色卡纸
作品时间：2004 年

作品名称：婀娜系列一
表现工具：马克笔
作品用纸：A4 纸、蓝色彩纸
作品时间：2007 年

作品名称：蓝花花系列一
表现工具：马克笔
作品用纸：A4 纸
作品时间：2007 年

作品名称：蓝花花系列二
表现工具：马克笔、国画颜料
作品用纸：A4 纸
作品时间：2007 年

作品名称：暗香
表现工具：马克笔、金色笔
作品用纸：A4 纸、红色卡纸
作品时间：2005 年

作品名称：无题
表现工具：马克笔、中性笔
作品用纸：黄色彩纸
作品时间：2008 年

作品名称：洛可可风
表现工具：马克笔、彩色铅笔、金色笔
作品用纸：深绿色卡纸
作品时间：1997 年

作品名称：金螺梦

表现手法：工笔重彩

作品用纸：绢

作品时间：1996 年

作品名称：未来的时尚
表现工具：马克笔、银色笔
作品用纸：橙色卡纸
作品时间：1998 年

作品名称：绿叶
表现工具：马克笔
作品用纸：A4 纸、绿色彩纸
作品时间：1997 年

作品名称：少女装
表现工具：马克笔、黑色中性笔
作品用纸：淡蓝色彩纸
作品时间：2003 年

作品名称：绝唱系列一
表现工具：马克笔、中性笔、水粉颜料、国画颜料
作品用纸：浅粉色彩纸
作品时间：2017 年

作品名称：绝唱系列二
表现工具：马克笔、中性笔、水粉颜料、国画颜料
作品用纸：浅粉色彩纸
作品时间：2017 年

作品名称：绝唱系列三
表现工具：马克笔、中性笔、水粉颜料、国画颜料
作品用纸：浅粉色卡纸
作品时间：2017 年

作品名称：绝唱系列四

表现工具：马克笔、中性笔、水粉颜料、国画颜料

作品用纸：浅粉色卡张

作品时间：2017 年

作品名称：梦回拉萨

表现工具：马克笔、中性笔、彩色铅笔、水粉颜料

作品用纸：橙色卡纸

作品时间：2007 年

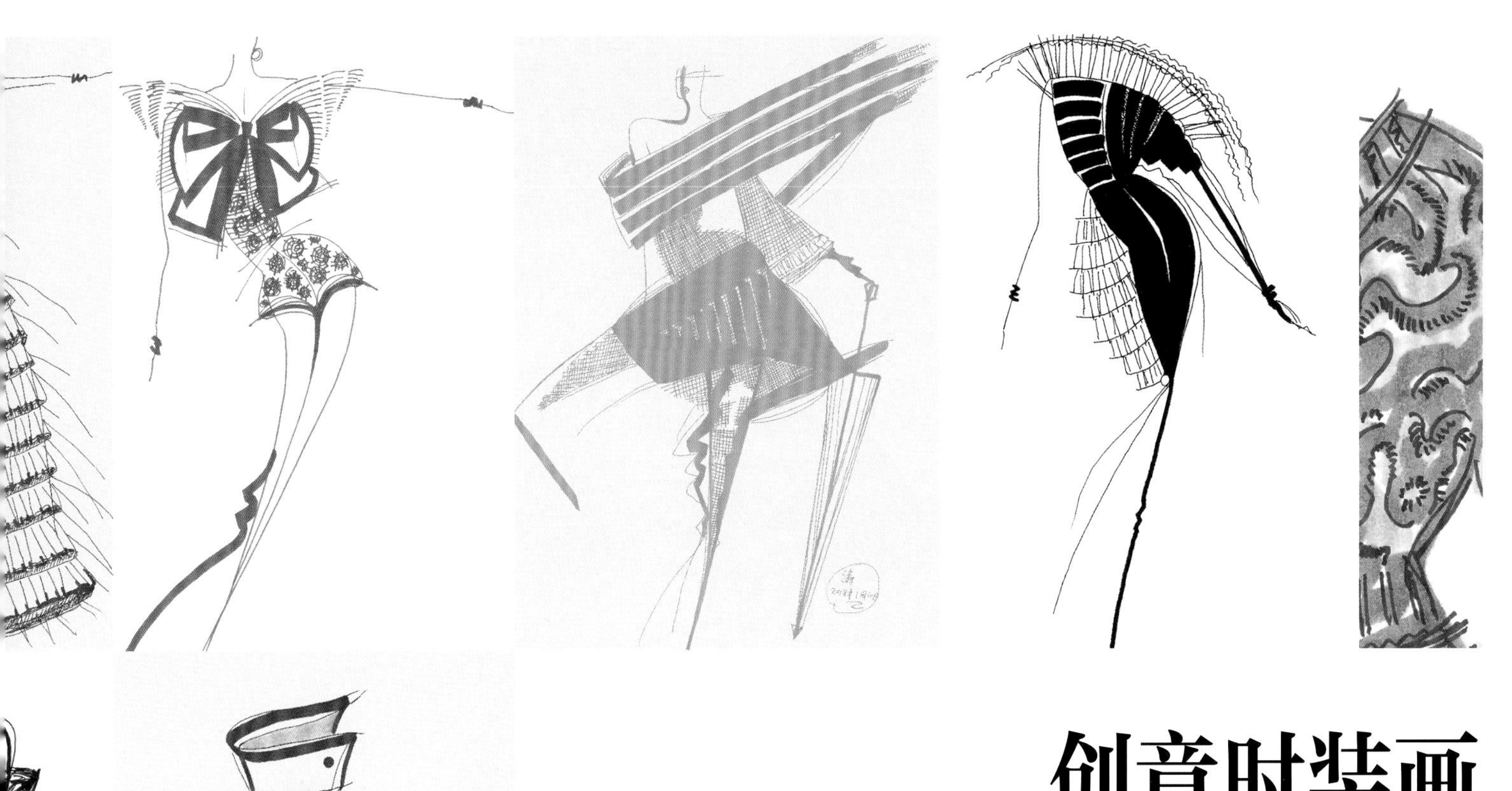

创意时装画

创意时装画是绘画、艺术与时尚的完美结合，也是艺术与商业完美的结合。设计师像一个说故事的人善于捕捉瞬间，摄取万事万物上演时那个魔幻刹那，一笔一画中蕴含设计绘画者的灵魂。创意时装画对线条的要求很高，首先要掌握时装画人体基本的一竖、二横、三体积，了解人体的动态与结构，才能准确地运用线条进行刻画，还要注意对复杂服装的造型线、结构线、装饰线等进行概括、归纳。线的虚实、重叠、粗细、深浅、浓淡、流畅等进行巧妙的使用，可以使时装画具有极强的阴柔之美及时尚之美。

表现工具：针管笔、中性笔
作品用纸：A4 纸
作品时间：2017 年

2017年9月22日.

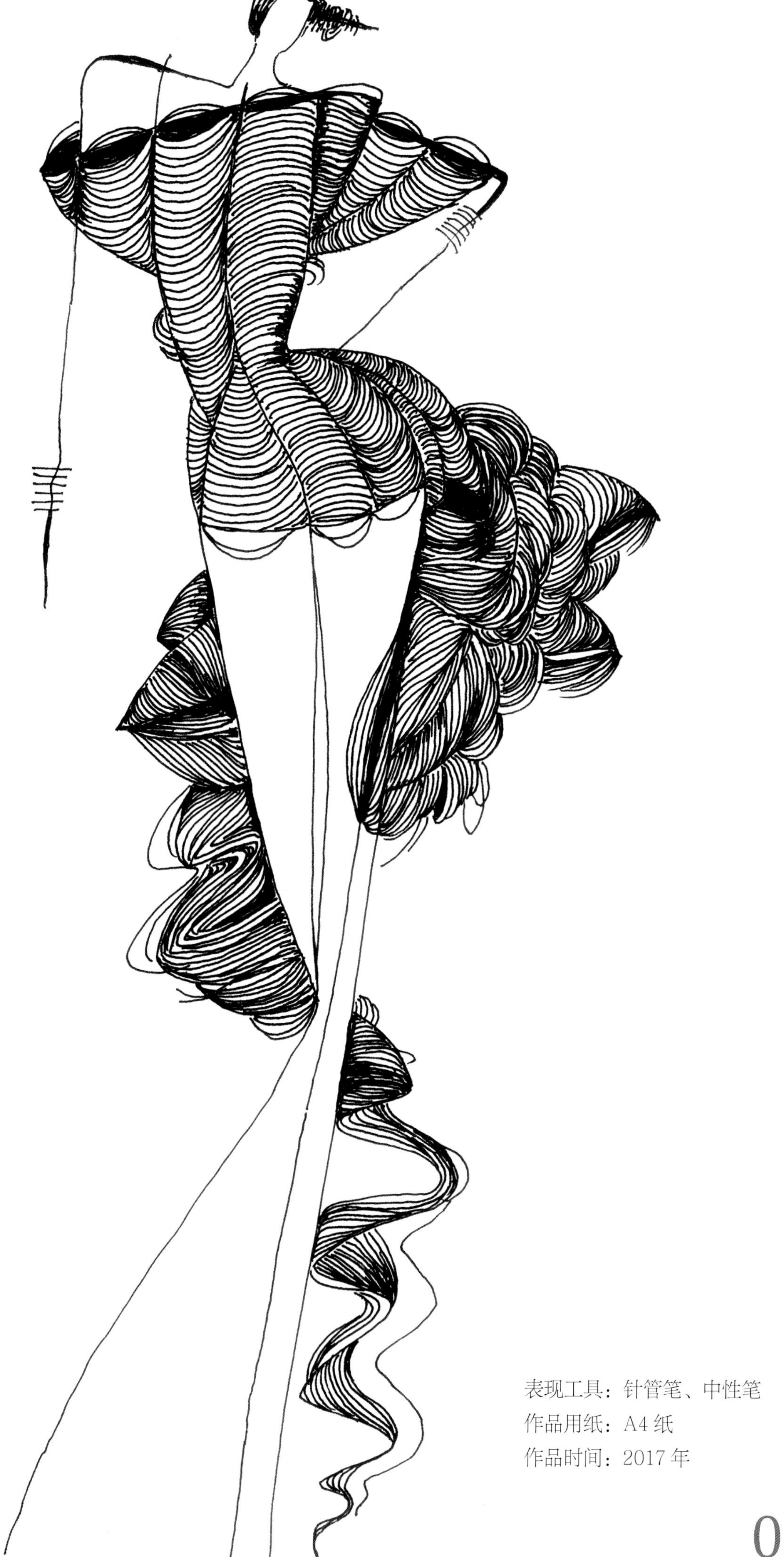

表现工具：针管笔、中性笔
作品用纸：A4 纸
作品时间：2017 年

表现工具：针管笔、中性笔

作品用纸：A4 纸

作品时间：2017 年

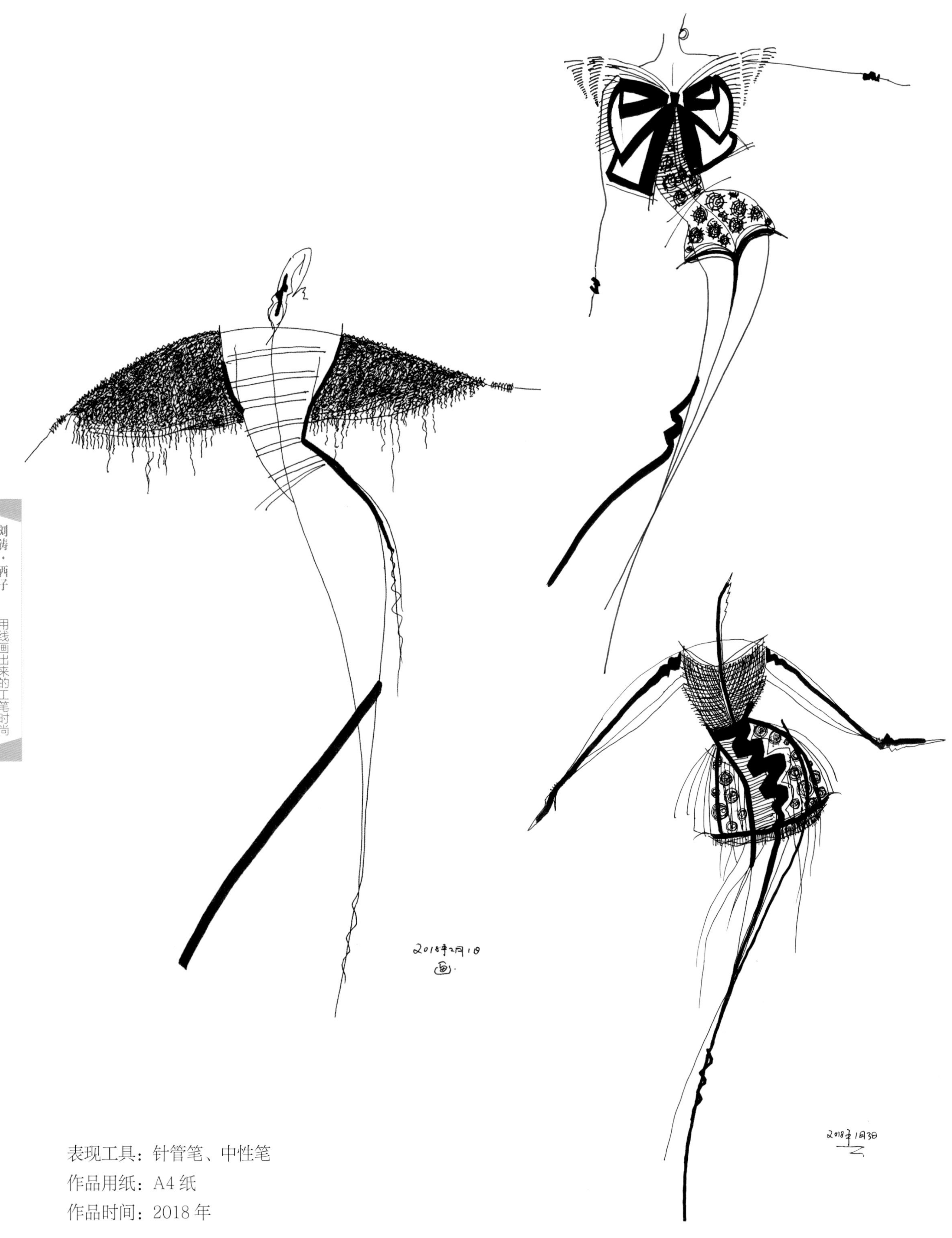

表现工具：针管笔、中性笔
作品用纸：A4 纸
作品时间：2018 年

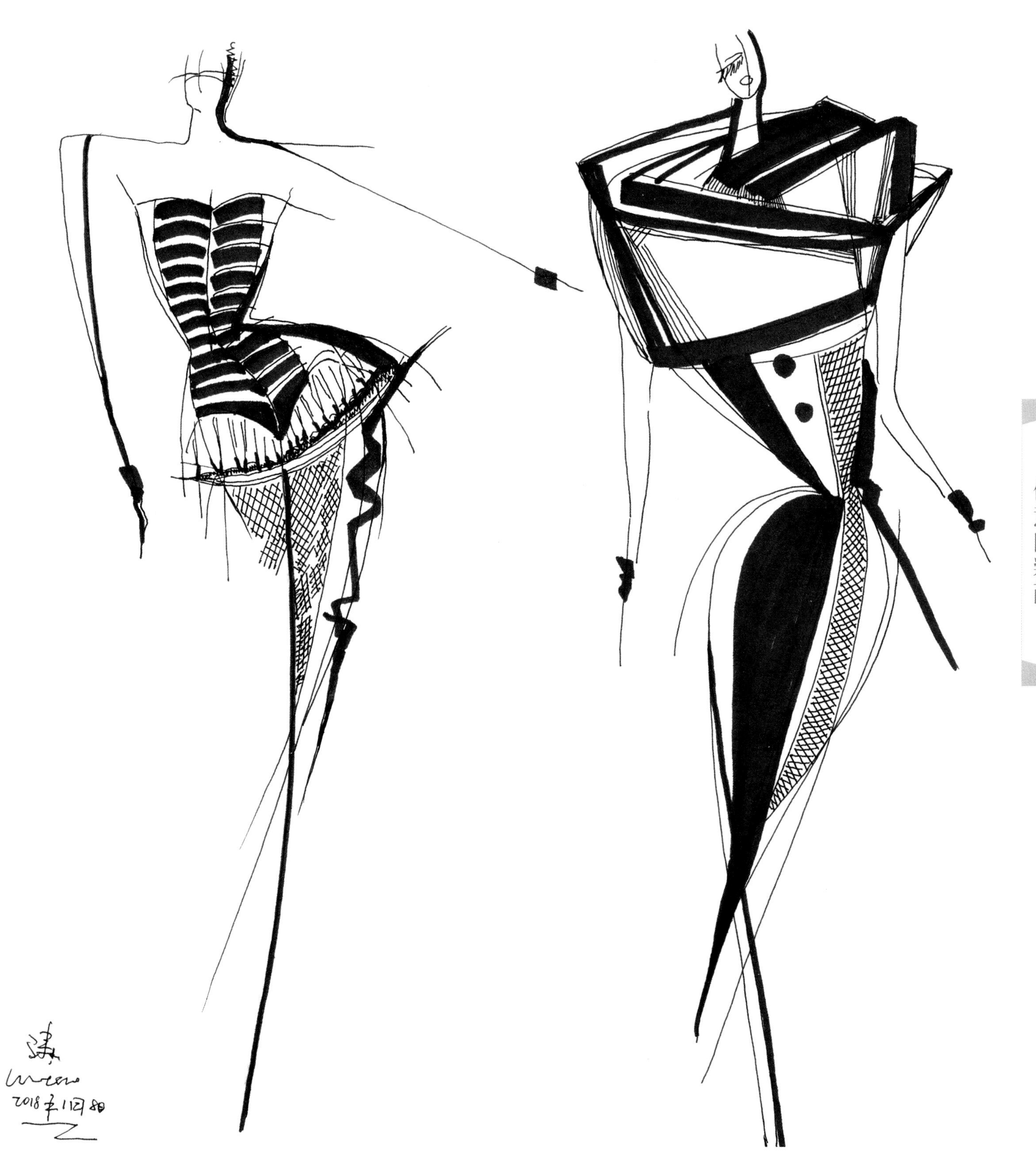

表现工具：针管笔、中性笔

作品用纸：A4 纸

作品时间：2018 年

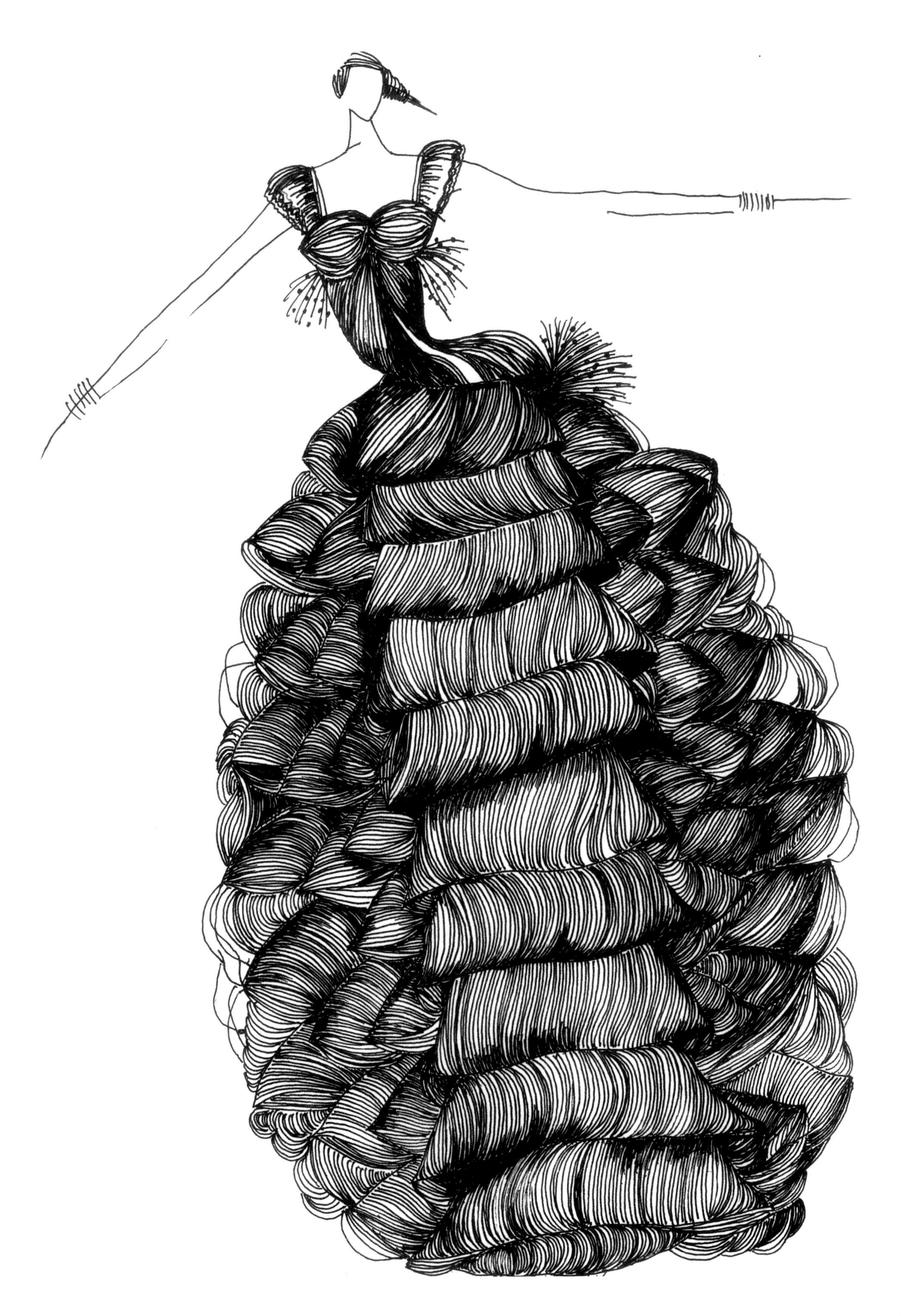

2018年2月3日

表现工具：针管笔、中性笔、马克笔
作品用纸：A4纸
作品时间：2018年

表现工具：针管笔、中性笔
作品用纸：A4 纸
作品时间：2017 年

表现工具：针管笔、中性笔、马克笔
作品用纸：A4 纸
作品时间：2018 年

表现工具：针管笔、中性笔、马克笔

作品用纸：A4 纸

作品时间：2018 年

表现工具：针管笔、中性笔、马克笔
作品用纸：A4 纸
作品时间：2018 年

表现工具：针管笔、中性笔、马克笔
作品用纸：A4 纸
作品时间：2017 年

2017年10月11日

表现工具：针管笔、中性笔、马克笔
作品用纸：A4 纸
作品时间：2017 年

表现工具：针管笔、中性笔、马克笔
作品用纸：A4 纸
作品时间：2017 年

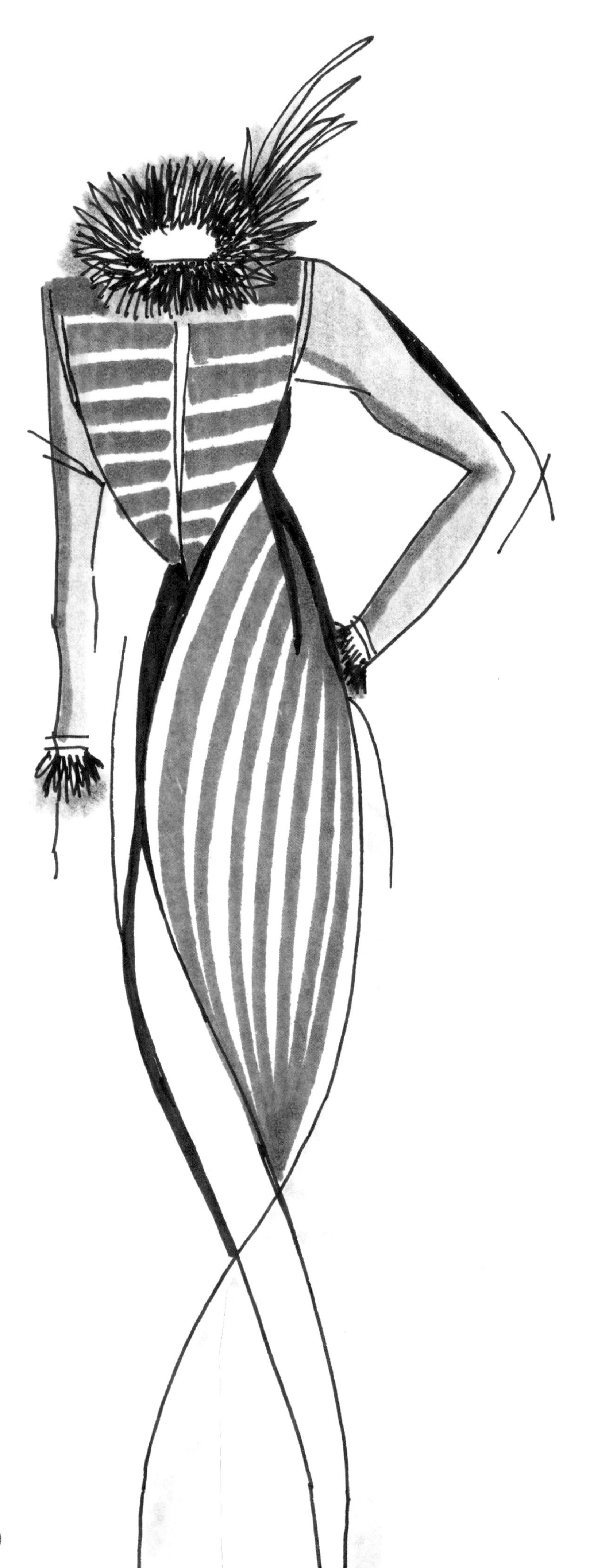

表现工具：针管笔、中性笔、马克笔
作品用纸：A4 纸
作品时间：2017 年

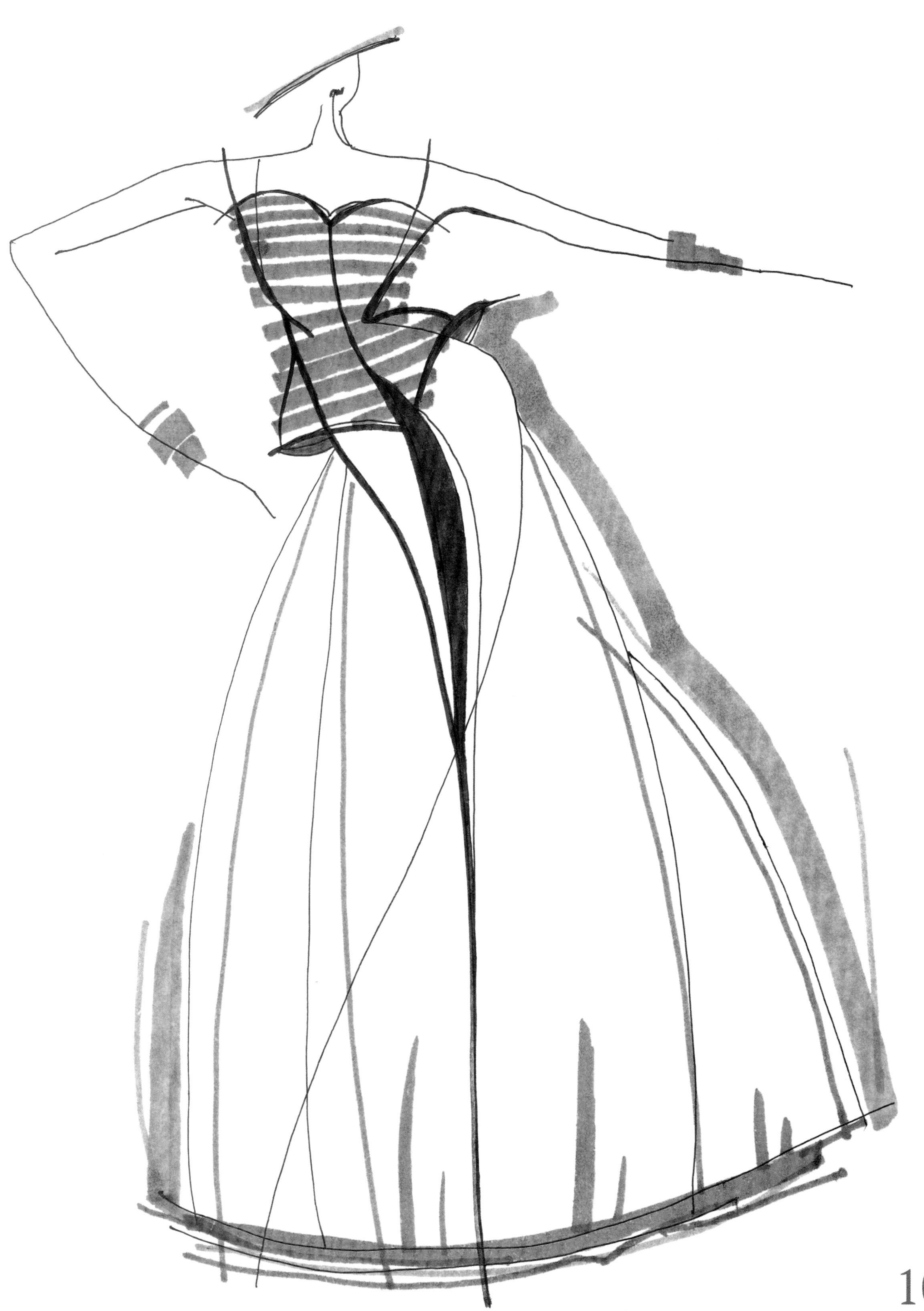

表现工具：针管笔、中性笔、马克笔
作品用纸：A4 纸
作品时间：2017 年

2017年10月21日

表现工具：针管笔、中性笔、马克笔
作品用纸：A4 纸
作品时间：2017 年

表现工具：针管笔、中性笔、马克笔
作品用纸：A4纸
作品时间：2017年

表现工具：针管笔、中性笔、马克笔
作品用纸：A4 纸
作品时间：2017 年

2017年10月20日

表现工具：针管笔、中性笔、马克笔
作品用纸：A4 纸
作品时间：2017 年

表现工具：针管笔、中性笔、马克笔
作品用纸：A4 纸
作品时间：2017 年

表现工具：针管笔、中性笔、马克笔
作品用纸：A4 纸
作品时间：2017 年

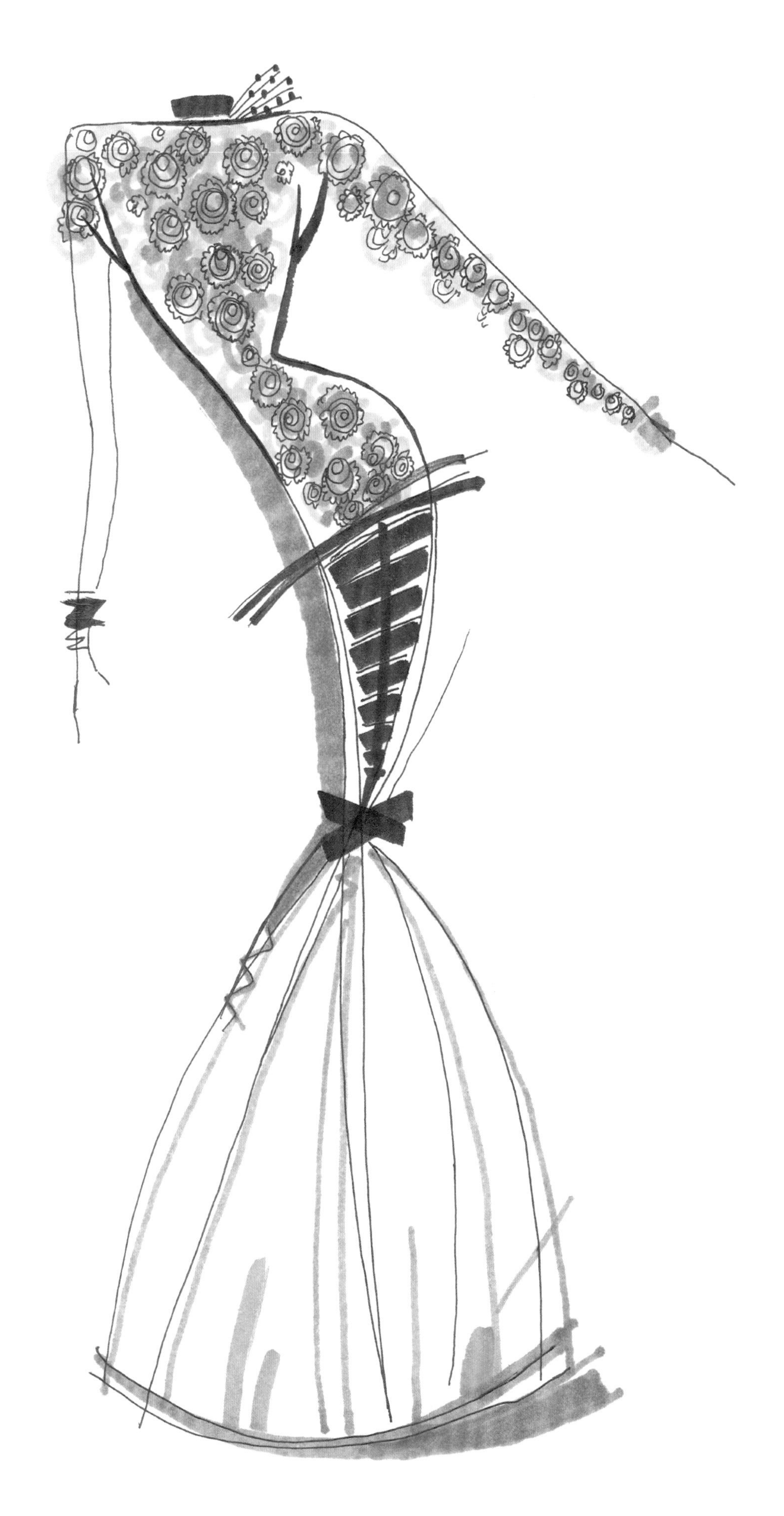

表现工具：针管笔、中性笔、马克笔
作品用纸：A4 纸
作品时间：2017 年

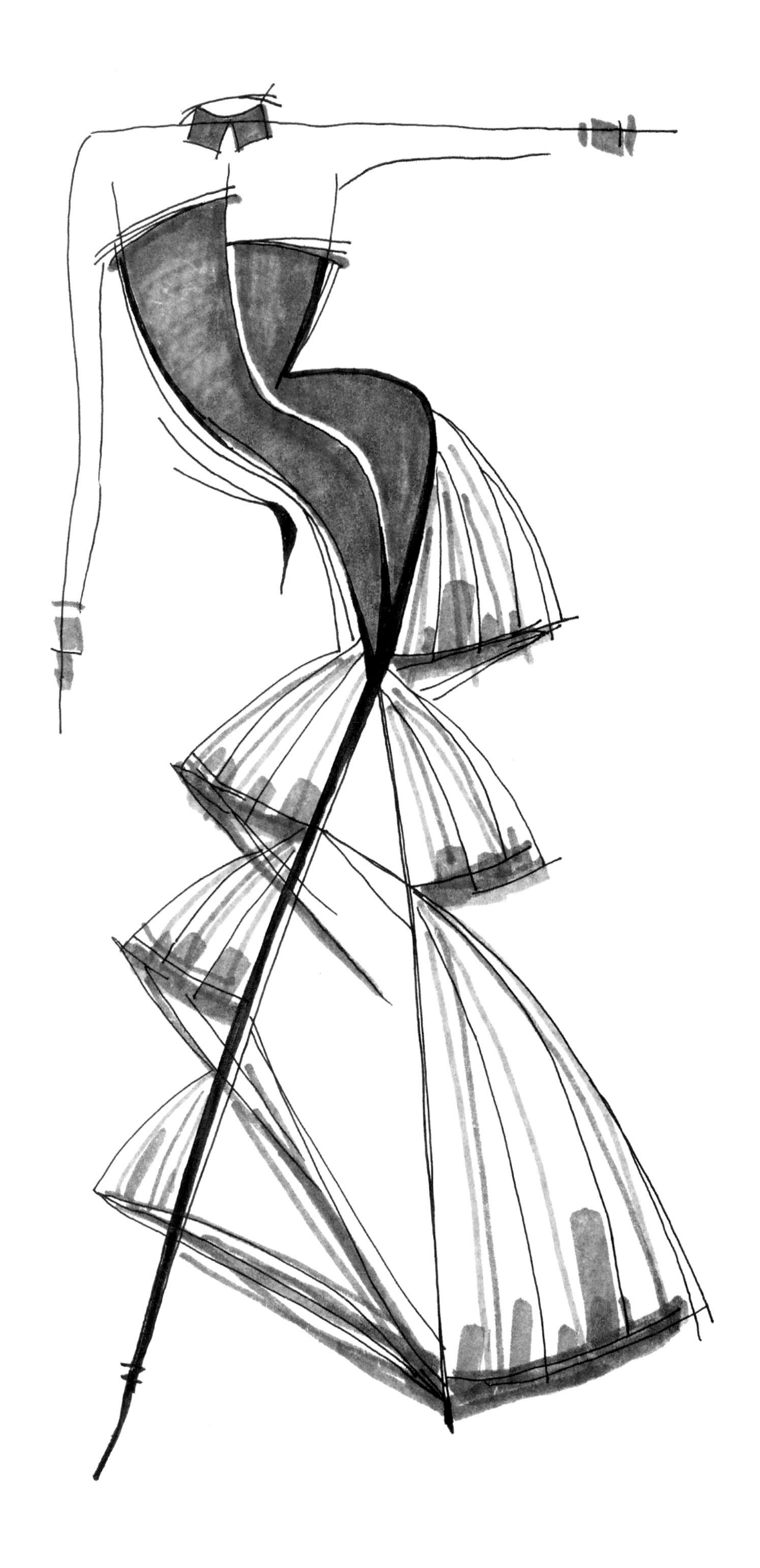

2017年9月29日

表现工具：针管笔、中性笔、马克笔
作品用纸：A4 纸
作品时间：2017 年

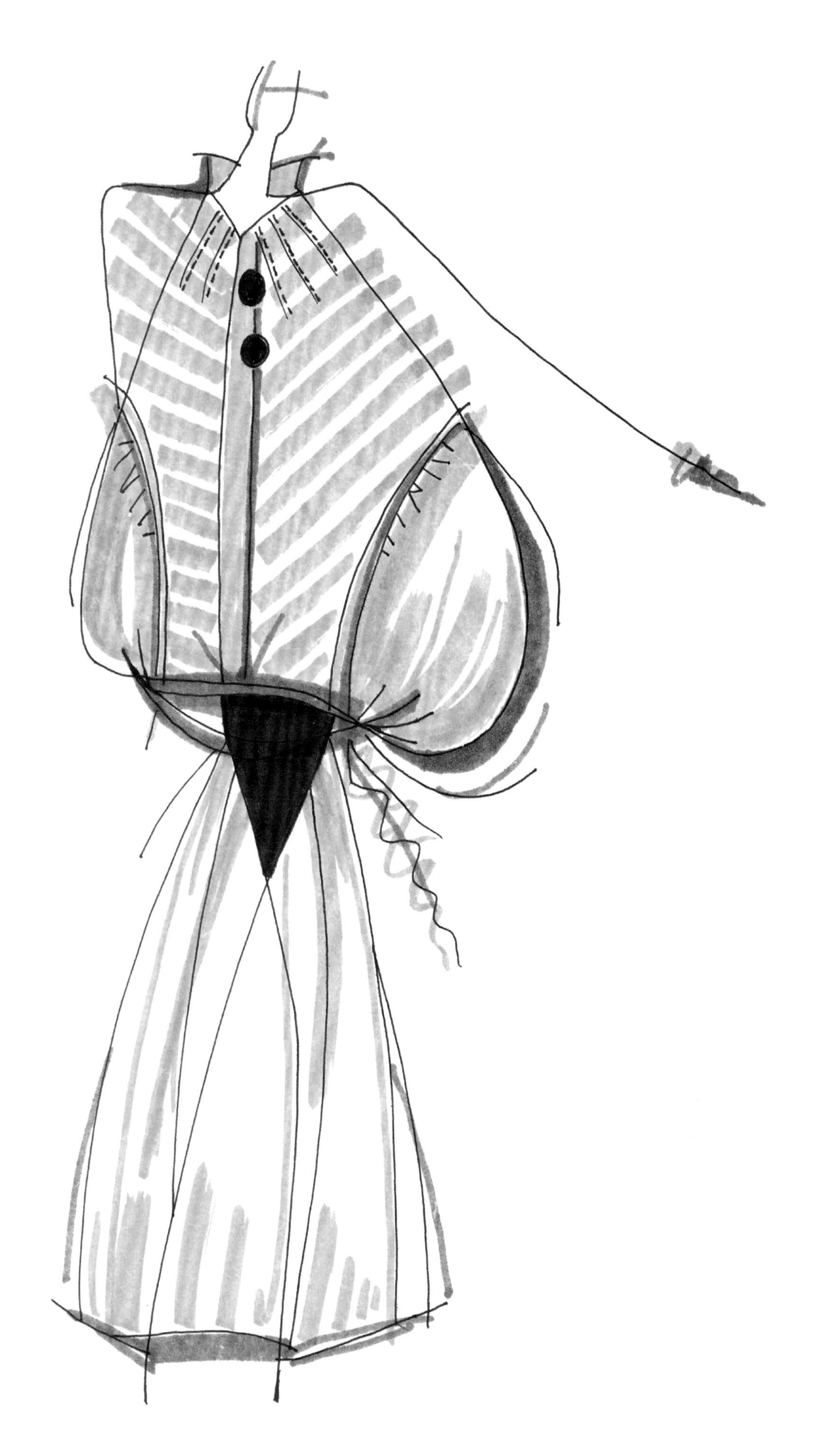

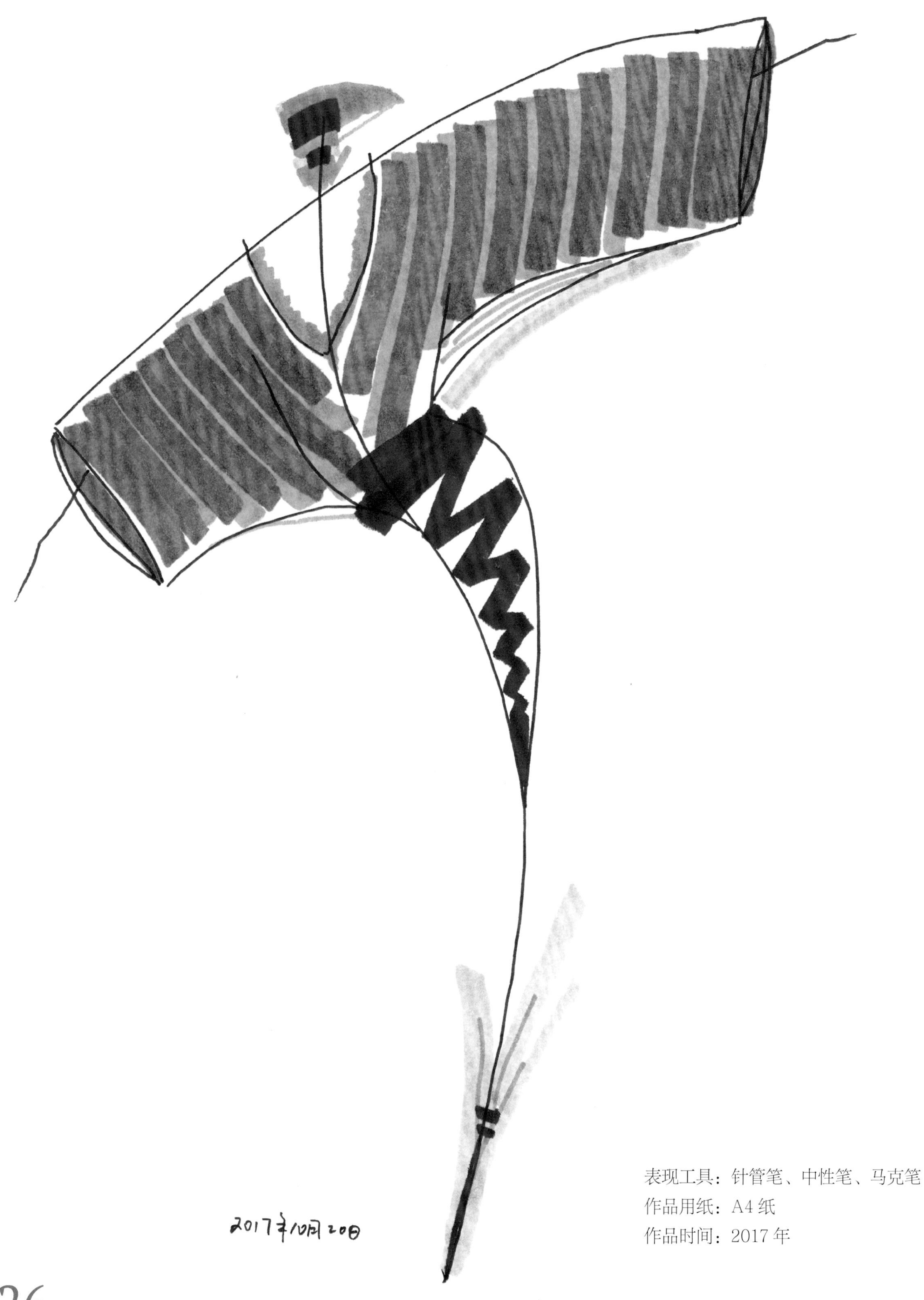

表现工具：针管笔、中性笔、马克笔
作品用纸：A4 纸
作品时间：2017 年

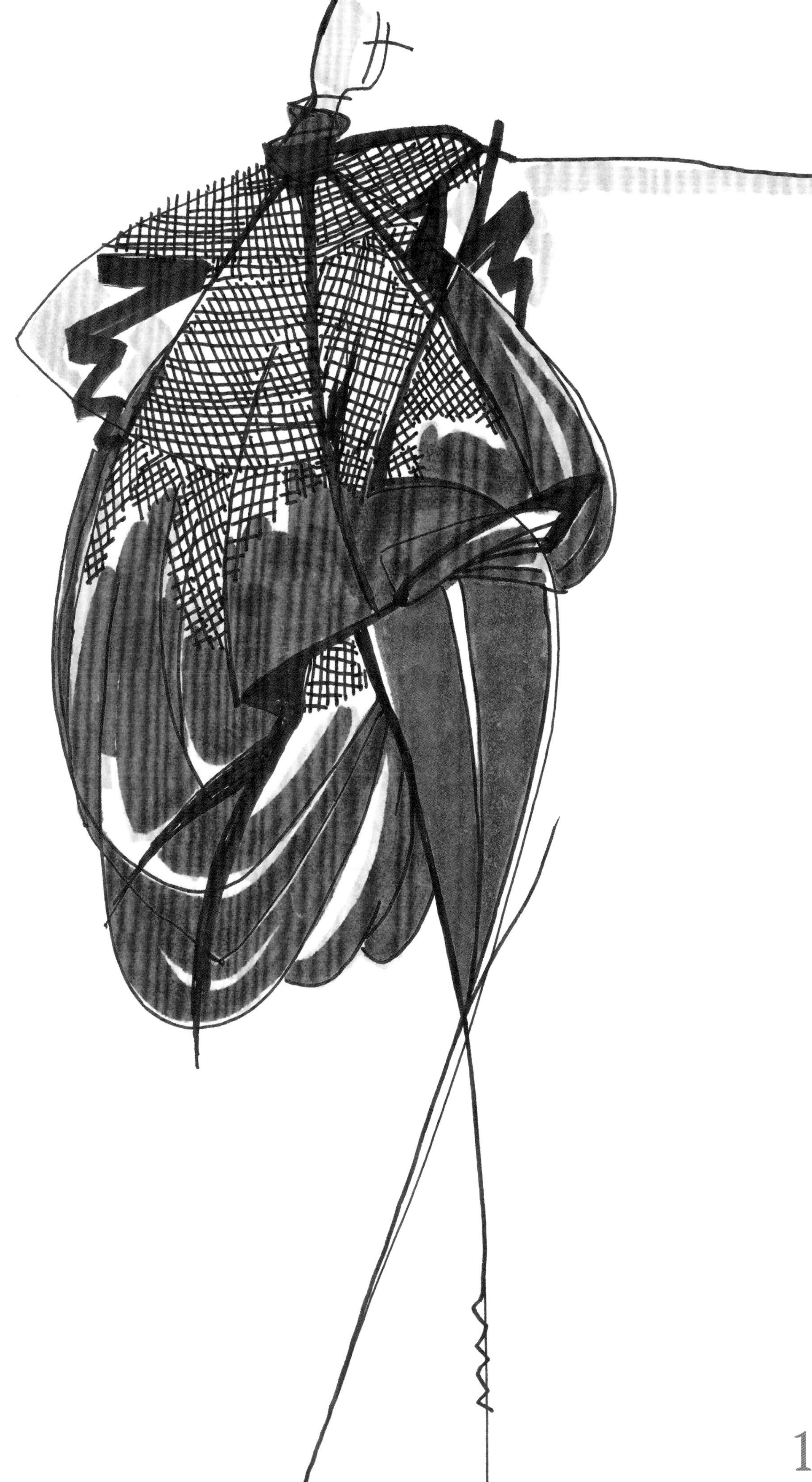

表现工具：针管笔、中性笔、马克笔
作品用纸：A4 纸
作品时间：2017 年

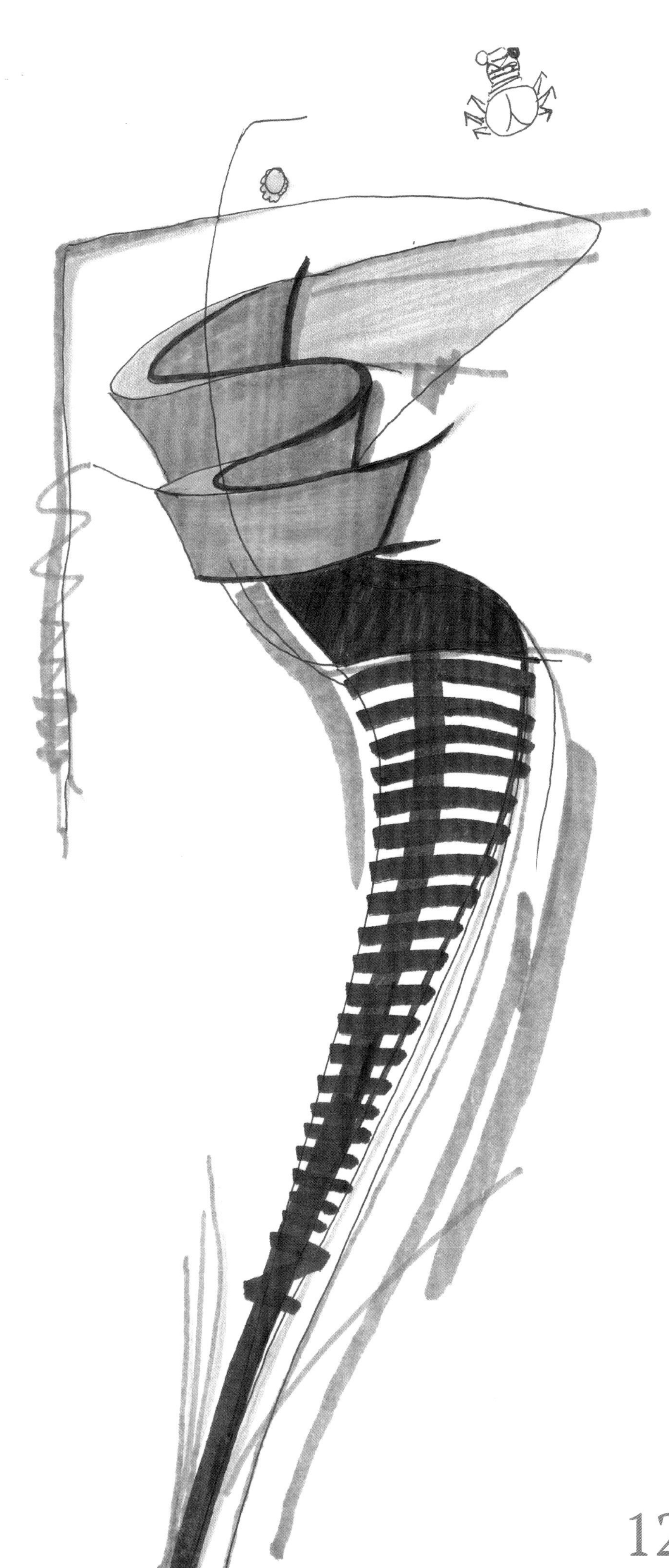

2017年10月31日
Z

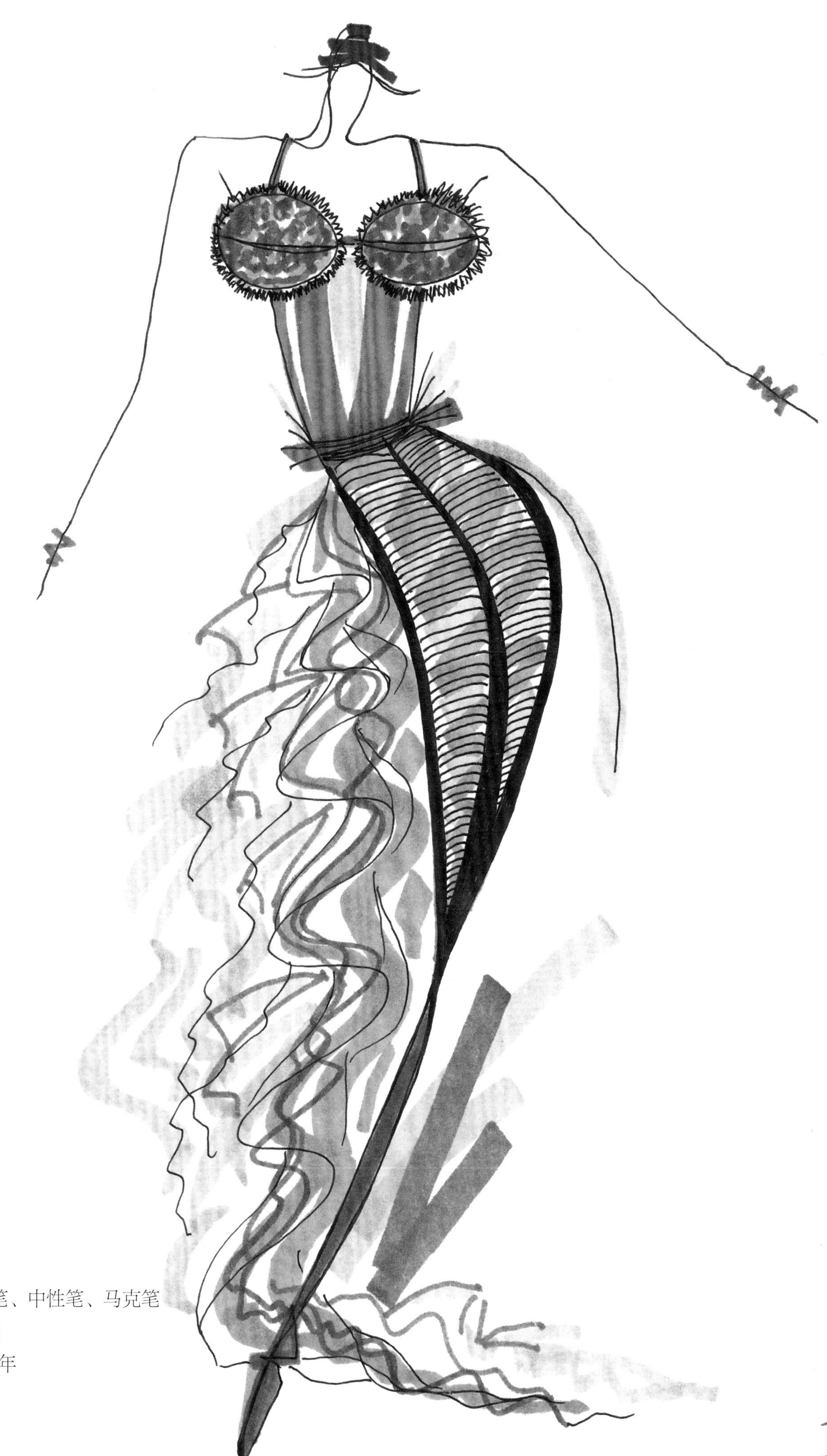

表现工具：针管笔、中性笔、马克笔
作品用纸：A4 纸
作品时间：2017 年

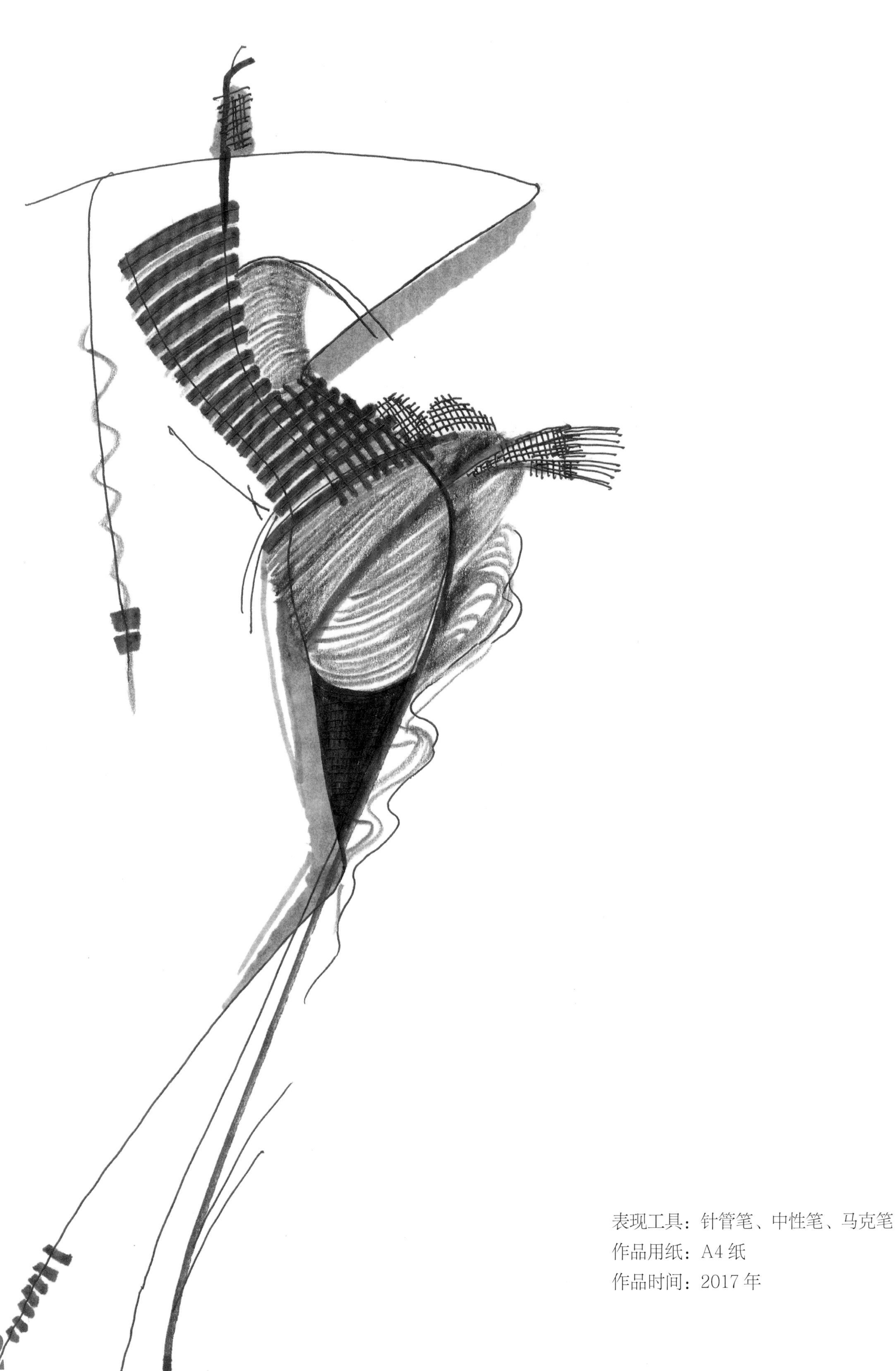

表现工具：针管笔、中性笔、马克笔
作品用纸：A4 纸
作品时间：2017 年

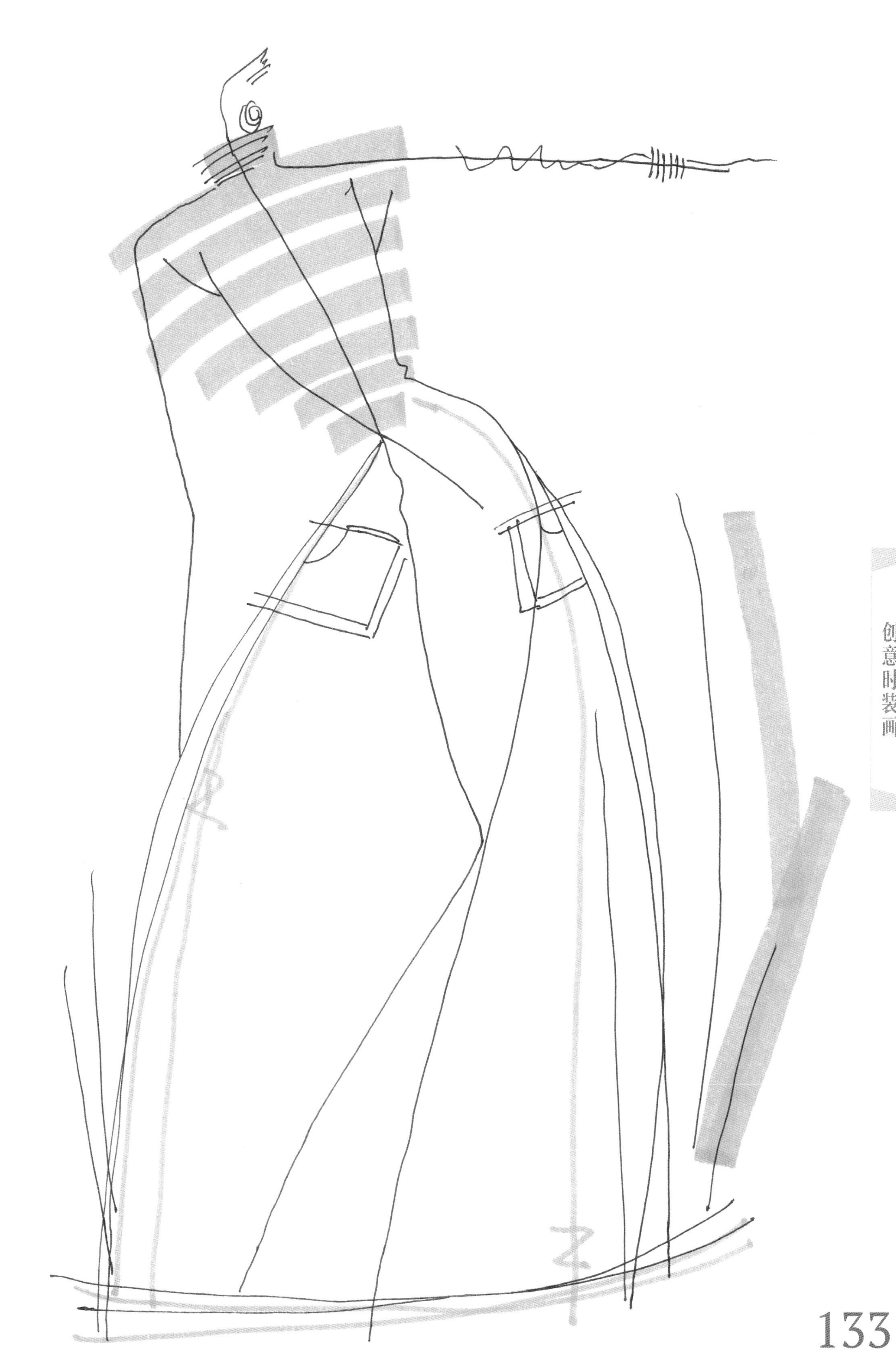

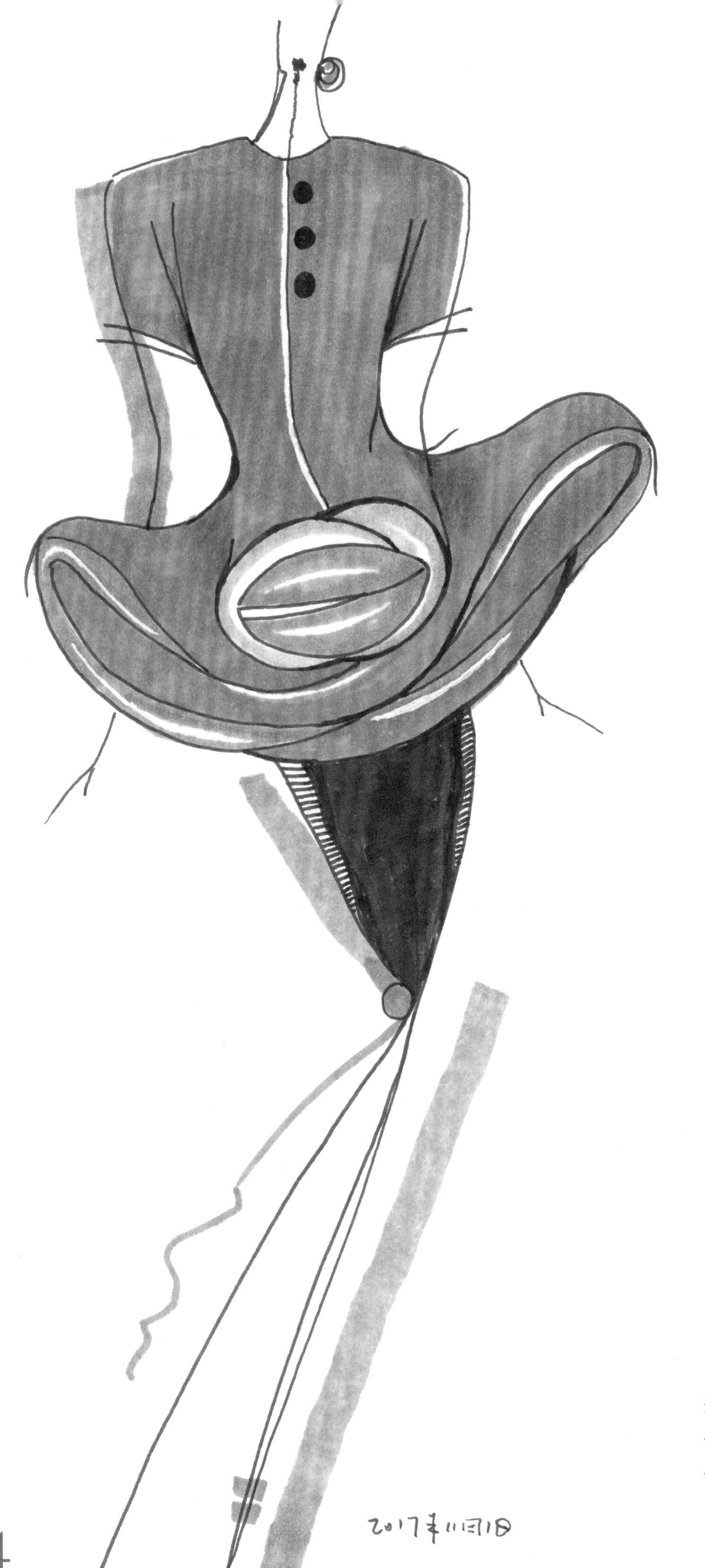

表现工具：针管笔、中性笔、马克笔
作品用纸：A4 纸
作品时间：2017 年

表现工具：针管笔、中性笔、马克笔
作品用纸：A4 纸
作品时间：2017 年

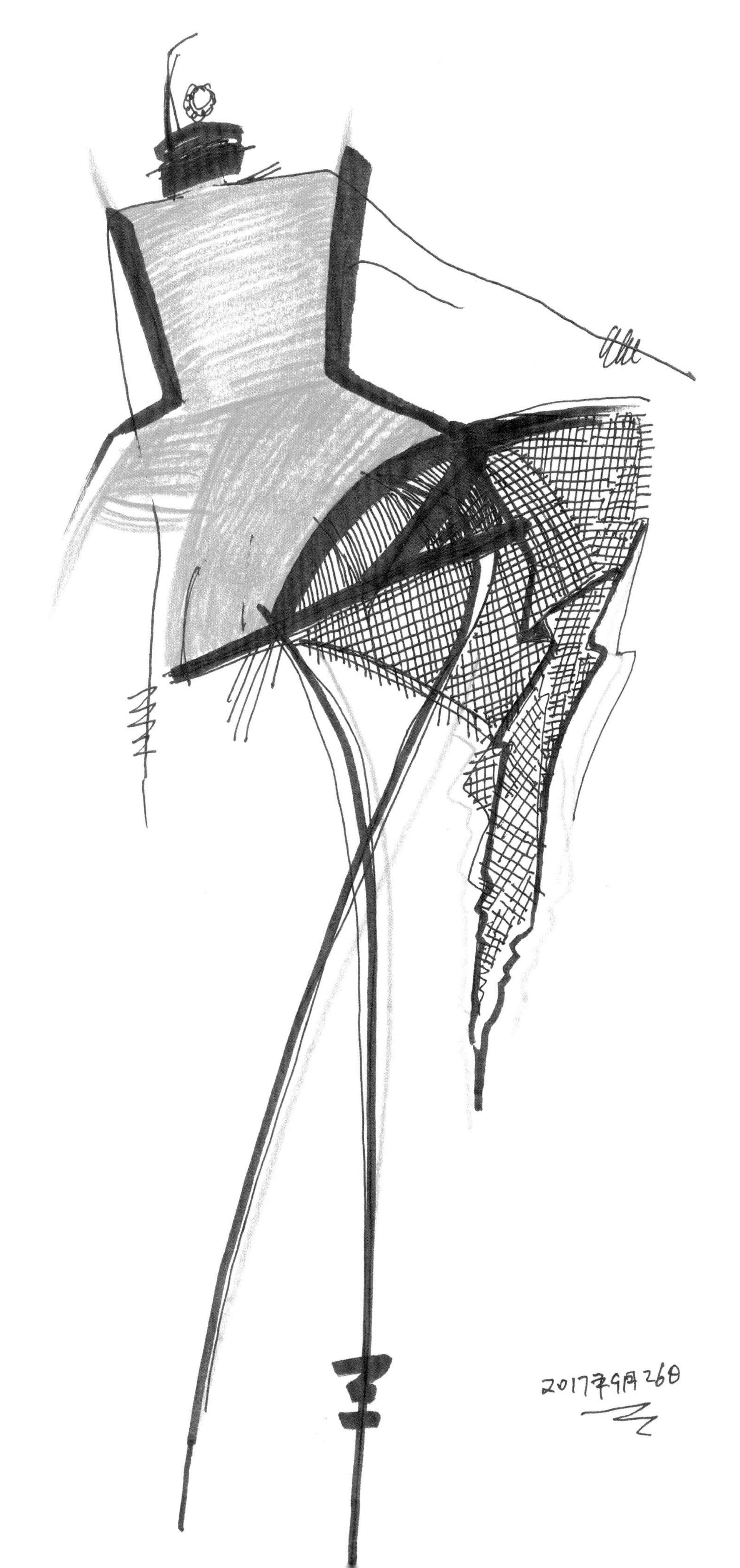
2017年9月26日

2017年10月18日

表现工具：针管笔、中性笔、马克笔
作品用纸：A4 纸
作品时间：2017 年

表现工具：针管笔、中性笔
作品用纸：A4 纸
作品时间：2017 年

17年5月22日

表现工具：针管笔、中性笔、马克笔
作品用纸：A4 纸
作品时间：2017 年

表现工具：针管笔、中性笔

作品用纸：A4 纸

作品时间：2017 年

表现工具：针管笔、中性笔
作品用纸：A4 纸
作品时间：2005 年

表现工具：针管笔、中性笔
作品用纸：A4 纸
作品时间：2005 年

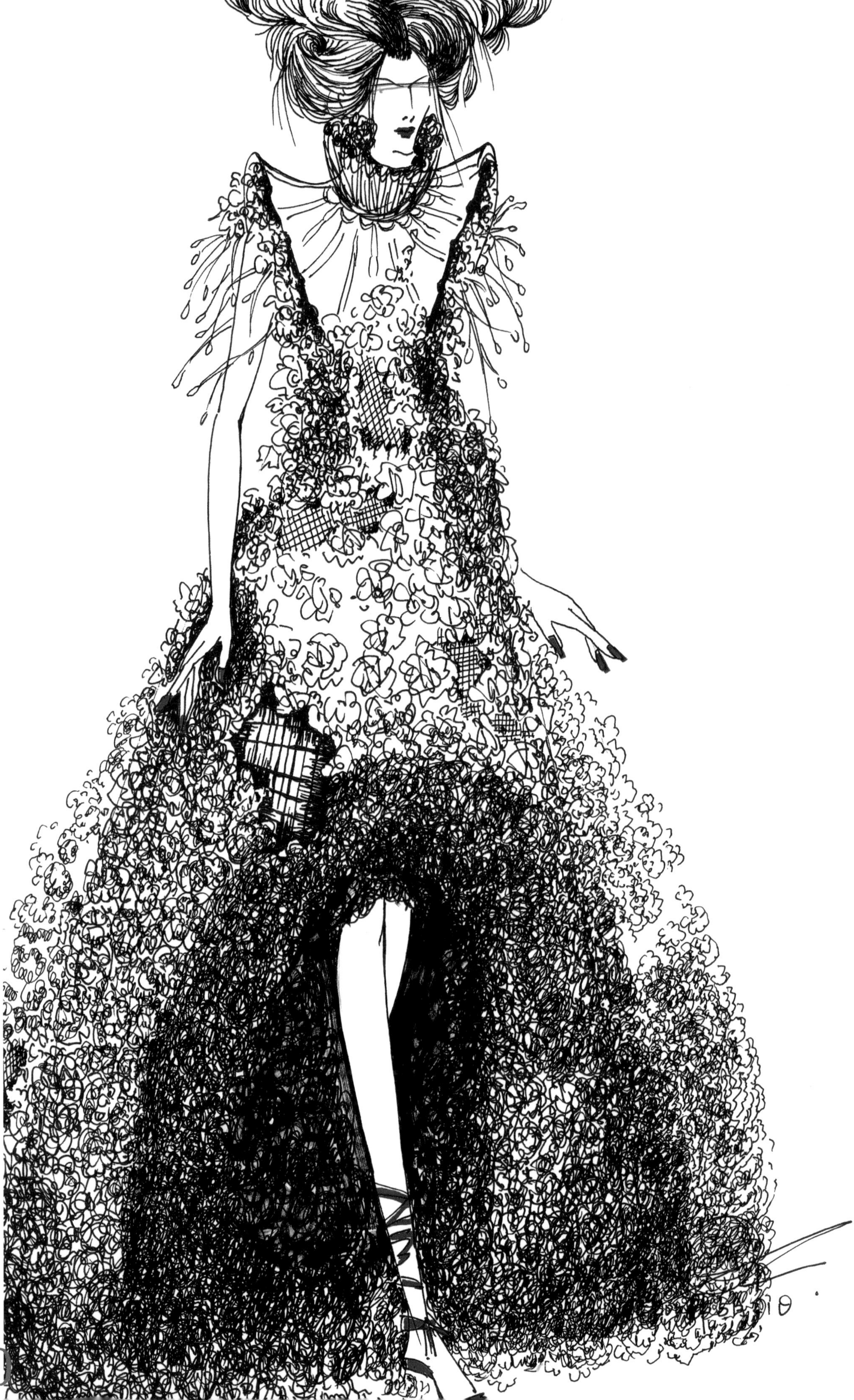

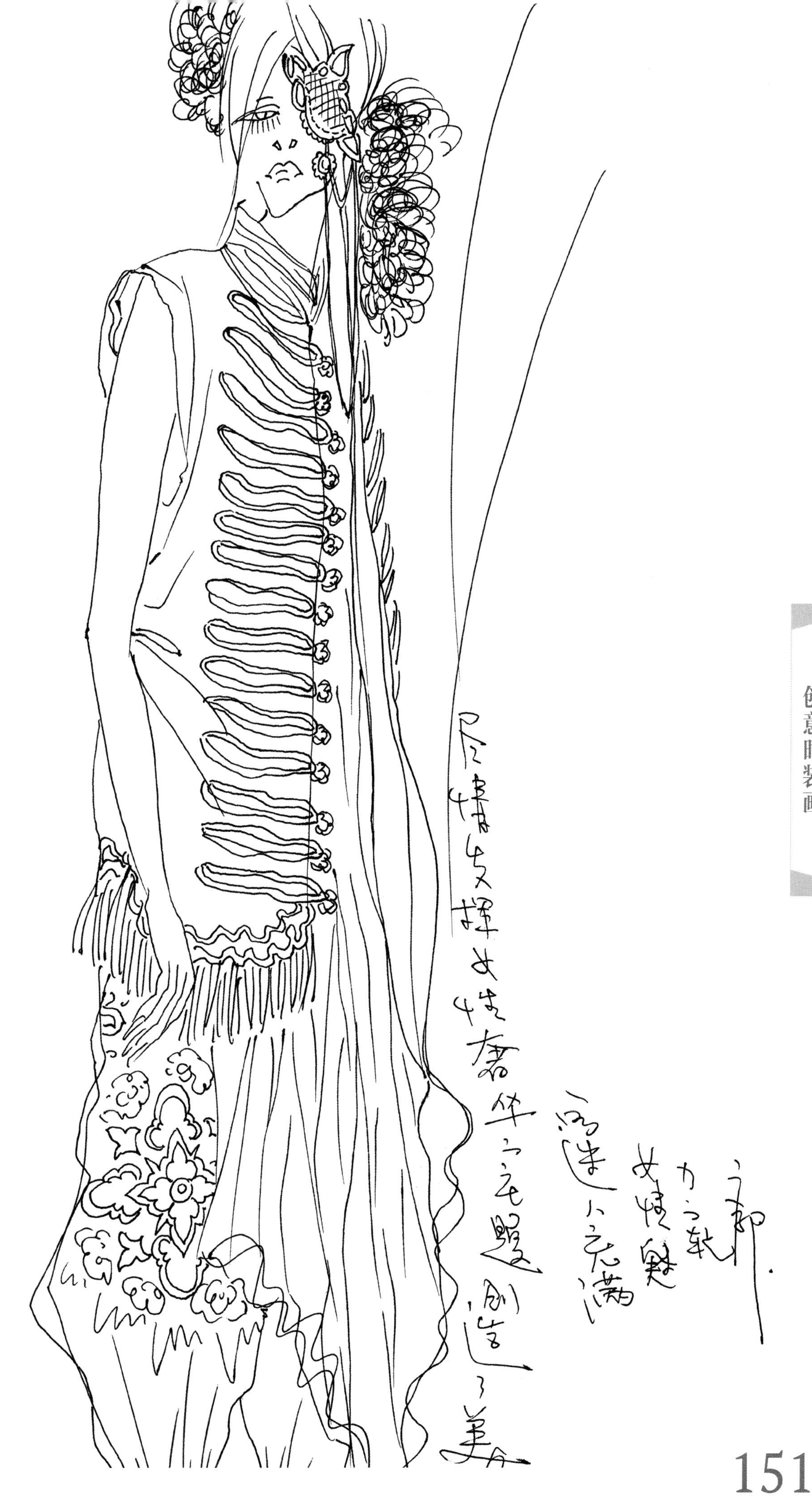

表现工具：针管笔、中性笔

作品用纸：A4 纸

作品时间：2017 年

表现工具：针管笔、中性笔
作品用纸：A4 纸
作品时间：2017 年

表现工具：针管笔、中性笔
作品用纸：A4纸
作品时间：2017年

表现工具：针管笔、中性笔、马克笔
作品用纸：A4 纸
作品时间：2017 年

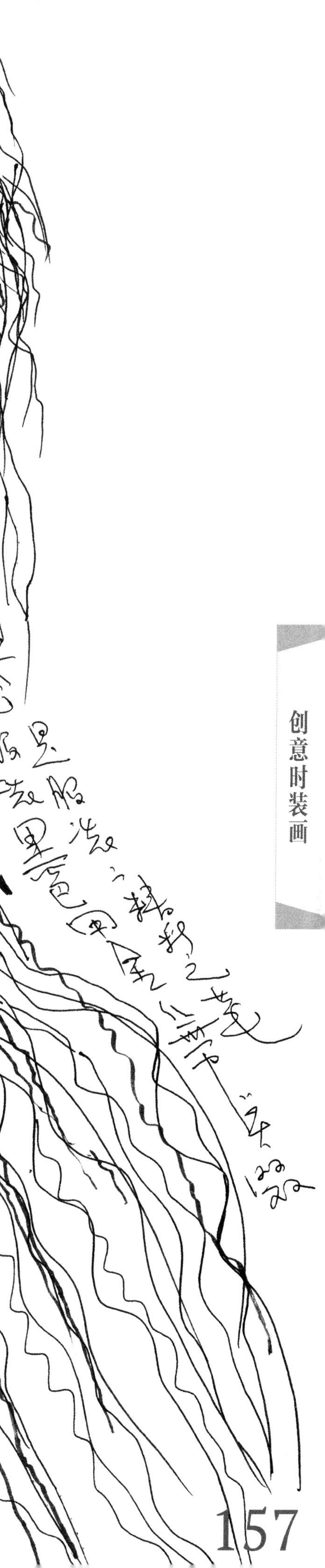

《 刘涛

女性化的装饰受到推崇，如褶皱、花边、面料层叠等，不同质地的黑色能够营造特别的立体效果，通过面料再造的方式来增强装饰感。复古的宽大廓型适合简单线条的搭配，强调立体性是整体形象的要求。需要注意的装饰是宫廷风格，在纽扣等细节都是实用性强的装饰配件。中性色彩依然被看好，暗红、紫红、渐变色彩都是流行色彩中的重点。

刘涛：丽影霓裳幕后人

女性

刘涛 多少年，梦系霓裳

金螺之梦

——记青岛华夏职业教育中心教师刘涛

12 女性周刊/风采

刘涛 多少年，梦系霓裳

大陸新聞(二) A14

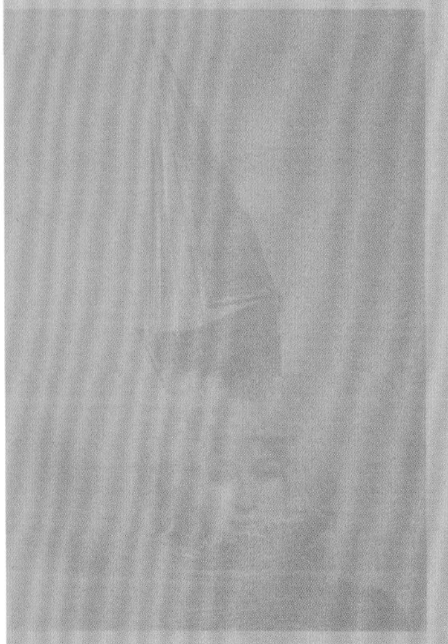

扬帆

刘涛：纱罗佳人

行新面料发布会

五四广场成时装舞台

刘涛海的女儿
朋雅会裁云霞
青岛时装设计师：
首次直面观众
刘涛：霓裳幕后　品牌灵魂
APPAREL&ACCESSORIES
刘涛，
一个海边做梦的女人
剪出来的"歌剧·魅影"

经典作品展示

一、作品《金螺梦》

荣获第四届“兄弟杯”中国国际青年服装设计师作品大赛铜奖。

此作品灵感来源于一个优美的神话传说，作者把对这个传说的独特理解融入现代时装设计中，采用戏剧的夸张手法、以超前的意识、全新的思维、奇特的造型来展示服装特有的文化语言。

二、作品《欢乐颂》

荣获第八届“兄弟杯”中国国际青年服装设计师作品大赛优秀奖。

作品《欢乐颂》寓意万国都来欢唱，万民都来称颂，上帝的容光普照大地，将自然万物带入新世纪。在新的世纪里，不管是白皮肤、黑皮肤，在上帝的爱中都是姐妹、兄弟。

三、作品《母亲·球》

作品《母亲·球》入围第十届全国美展。

设计思想：人们生活在同一地球拥有的蓝天下，共同构建着我们的生态环境，每个人的行为不仅仅是个人行为。人与人之间、人与自然之间、人与动物之间有着生命与生命无法割裂的联系。

服装造型如立体雕塑，以平面构成的形式将面料切割成方块，色彩以黑白为主，每一黑色方块中是一张照片，有人物、动物、风景和一些世界历史上发生的重大事件，其中包括战争、瘟疫、饥荒……

四、作品《凤凰蜡韵 · 法老王》

荣获中国（青岛）国际时装周特别奖。

此作品为作者担任青岛纺织总公司首席设计师举办的个人时装发布会作品。

五、作品《涛之帆》

荣获2006年中国（青岛）国际时装周十佳设计师金奖。

六、作品《海的女儿》

1997 年 7 月，青岛电视台制作了轰动一时的《岛城英才："刘涛——海的女儿"》节目。同年 9 月，中央电视台《综艺大观》栏目邀请作者做嘉宾，展示其服装设计作品《海的女儿》《金螺梦》《吉祥鸟》。

海的女儿

没有一粒喧嚣的尘埃，没有一滴世俗的污迹，一切都是那么透明、纯净、柔美，依洄的轻波在弹奏硬朗的岩礁，湛蓝的水光吐呐着无尽的遐思，远山发出深情的呼唤，月色依偎着宁静的涟漪……在远方，在水天交接处，无限地伸展、绵延，凝成一道永恒的风景线，就是在这里，大海孕育了更为迷人的杰作——她的女儿，将大自然的所有美丽赋予她的灵魂，灵魂绽放出迷人的爱的花朵。海水是她的乳汁，海风是她的发梳，海螺是她的花朵，浪花是她的笑语。母爱的温柔，海石的坚硬，蓝天的澄明，海底的富有，共同铸造了她纯洁、多情的心性。掬一簇浪花，将爱情播种，海水一般深蓝的眼睛里盛满了美丽而涌动的憧憬。一个收获的季节，爱情像喷薄的日出一样来临。梦中的王子有着岩石般的刚毅，大海一样的胸怀，那柄长剑永远地守围着爱情的坚贞……

这是只有在安徒生美丽的童话中才会有的故事？只有在诗人笔下才会诞生的幻想？还是一个失意人儿梦中的呓语？一个思索者天真的向往？不，这是记者盛夏时节在青岛石老人旅游区拍下的一组童话时装剧的剧照。

大海是曾经孕育过一切生命的迷人的摇篮，当人类的原始胚胎爬上海岸，当人类发动了自己进化的滚滚车轮，便常常遗忘她广博的奉献，不再珍惜她母爱的庇护与安抚。征服与索取的历史终于使我们的物欲膨胀，天性日渐萎缩，心灵在世纪末的时空中失望地挣扎，无根地飘荡，飘荡……在这里，自然之神正以她敞开的风景，默默地向我们发出了无边的挑战与无尽的启悟。

当你在林立的高楼大厦间奔波，当你穿梭于熙熙攘攘的人流中，当你在高高叠起的文件堆里忙碌，当你在生意场上绞尽脑汁地计算着得失，你可有暇想到她宁静的伟力与温柔的慰藉？当你津津于家具与电器，斤斤于柴米油盐，当你浓装艳抹狂欢于豪华的舞厅，周旋于纷杂的交际场中，你可否听到海的女儿那天性的召唤？当你在利益的追逐上筋疲力尽，当你在一个人的漫漫长夜中失眠，或者当你再也不能用物质填满心灵的空虚，再也无法用金钱和女人的交换取得真正的充实，你能否想起这大海的启迪？

自然、女人、爱情，这是人类心灵永恒的赖以栖息的海湾，永远无以替代的生命之流的河床，是人流所组成的沙漠中唯一的一片绿洲。如果说我们正处在一个远离自然的后工业时代，被包围在计算机、程控电话的世界里，已真的不可能每天都迎接那云蒸霞蔚的日出，聆听第一声清脆的鸟鸣，感受那潮起潮落的生息，那么很庆幸，我们还有女人，那优美动人的天姿，魅力无比的风采与敏感多情的心性，那对心与心相印的热望，对情与情交流的追寻，那对微末芥蒂最深切的同情，对天性异化最顽强的抵抗，甚至那不假思索脱口而出的冲动与远离法则多梦多雨爱歌爱哭的稚气……这一切组成了又一道迷人的风景线，为热闹中的人们吹来一缕清凉的海风，挥洒一轮皎洁的月色。而爱情，正是使之永不枯萎永不凋零，从而也使我们的灵魂永有回归的甘露。曾几何时，这只是男人的世界，野蛮的时代，自然被弃如敝屣，女人被踏在足下，天然的美丽与她美丽的象征一同哀怨呻吟。乌托邦的神话化作泡影，博爱的理想化为空想，爱情成为一个可以被任意打扮的小姑娘，成为点缀，成为装饰，成为财富与金钱的附庸。

海的女儿是自然的象征，爱情是自然的灵魂，自然是人类的母亲，而人类是她远未分娩的胎儿。我们永远走不出她的视野，永远也无力征服她的挑战。我们已失去了很多很多，我们还要等待多久？

（服装设计为华夏职业教育中心的刘涛）

张和勇　摄影　张光芒　撰文

七、作品《众志成城》

2003 年，作品《众志成城》以表现"非典"为主题而创作，山东电视台、青岛电视台对此作品作了大力宣传报道。

八、时装发布会《歌剧魅影》

2012 年，与浙江温州耶米玛服饰有限公司合作在中国（青岛）国际时装周举办的无缝时装设计时装发布会《歌剧魅影》。

歌剧·魅影
品牌
GreeNice
GREENICE

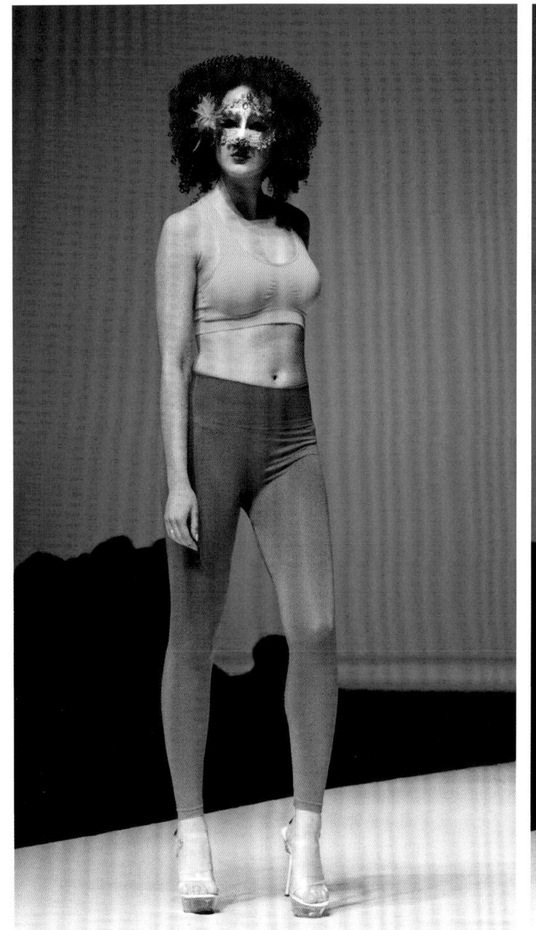

作者简介

刘　涛

青岛华夏职教中心服装设计专业高级教师 ｜ 青岛市服装专业学科带头人 ｜ 青岛市服装设计师协会副主席 ｜ 青岛市女装研究会委员 ｜ 温州耶米玛服饰有限公司设计师 ｜ 刘涛艺术工作室创始人

1. 1996 年 4 月，作品《金螺梦》荣获第四届“兄弟杯”中国国际青年服装设计师作品大赛铜奖。
2. 1997 年 4 月，应中国国际时装周、中国服装设计师协会邀请参加在北京人民大会堂举行的服装文艺晚会《走向新世纪》，受到党和国家领导人李岚清、彭佩云的接见，并被评为“优秀服装设计师”。
3. 1996 年，青岛生活报开设特别栏目《刘涛一款》，每周一次，共开设了两年 86 期，受到社会各界好评。
4. 1997 年 6 月，作品《天蓝蓝，海蓝蓝》荣获在香港举办的“庆香港迎回归”时装设计大赛优秀奖，与香港著名设计师张天爱、马伟明等同台演出。
5. 1997 年 7 月，青岛电视台制作了《岛城英才：“刘涛——海的女儿”》节目。
6. 1997 年 9 月，参加中央电视台《综艺大观》栏目，展示服装作品《金螺梦》《海的女儿》《吉祥鸟》。
7. 1999 年 11 月，中央电视台国际频道举行向世界 110 个国家转播的大型文艺晚会《跨越星空》，应邀担任首席设计师，同时中央电视台《中国报道》播出刘涛作品和个人成绩。
8. 2000 年 4 月，作品《欢乐颂》荣获第八届“兄弟杯”中国国际青年服装设计师作品大赛优秀奖，并于 2001 年，受韩国对外文化交流中心邀请，携该作品赴韩国演出。
9. 2000 年 5 月 17 日，中央电视台《半边天》栏目专访，并转播作品《欢乐颂》。
10. 2001 年 10 月 1 日，参加中国（青岛）国际时装周在五四广场举办的“大型时装表演秀”，并在会展中心举办艺术时装发布，共演出 10 场。作为岛城第一位服装设计师自己举办的时装发布会，受到青岛市政府、时装周组委会的鼎力支持。
11. 2002 年，纪念“三八”妇女节，作品《金螺梦》荣获青岛市妇联颁发的“青岛市科技创新成果展”金奖。
12. 2002 年，作品《梅、兰、竹、菊》应第二届中国（青岛）国际时装周的邀请，代表青岛设计师与来自俄罗斯国际时装大师扎伊采夫和日本的国际时装设计大师古川云雪共同参加开幕式的大型时装秀；山东电视台《齐鲁风情》为此拍专题片，通过香港凤凰卫视向英国、美国转播。
13. 2002 年，应中央电视台春节文艺晚会创作组的邀请参加民族系列服装设计，共设计 150 套服装，受到了业内人士的好评。
14. 2003 年，在中国（青岛）国际时装周上导演、策划了“青岛职业学校青年教师服装作品发布会”，带动青岛所有的服装设计教师登上国际时装周的舞台，其作品《众志成城》以表现“非典”为主题而轰动，山东电视台、青岛电视台对此进行了大力宣传报道。
15. 2004 年，作品《母亲·球》入围第十届全国美展。
16. 2005 年，中国（青岛）国际时装周，担任青岛纺织总公司首席设计师，并举办个人时装发布会《凤凰蜡韵·法老王》。
17. 2006 年，中国（青岛）国际服装周，任江苏常州浩华纺织有限公司艺术总监，并与之合作开幕时装发布会《纱罗佳人》，荣获中国（青岛）国际服装周组委会颁发的服装设计师特别奖；作品《涛之帆》荣获中国（青岛）十佳设计师金奖，美国华人最有影响力的报纸《世界日报》对该发布会进行报道。
18. 2007 年，在中国教育部举办的全国教师“北师大杯”服装艺术设计大赛中（来自全国 36 个省市，3300 个选手参加）荣获金奖。
19. 2008 年，荣获中国（青岛）服装设计“银帆奖”。
20. 2008 年，荣获山东十佳设计师。
21. 2008 年，带领学校服装设计专业的学生举办“百年奥运，百年梦想，百幅时装画展”。
22. 2010 年，赴意大利参观学习无缝设计。
23. 2012 年，与浙江温州耶米玛服饰有限公司合作在中国（青岛）国际时装周举办无缝时装设计发布会《歌剧魅影》。
24. 2012 年，赴俄罗斯参观学习。
25. 2013 年，在澳大利亚多元文化出版社与王西子合作出版插图类图书《圣经故事》。
26. 2014 年，在苏州大学参加国家培训。
27. 2015 年，赴澳大利亚访学。

王西子

本科毕业于华东师范大学艺术与设计专业 ｜ 研究生毕业于青岛理工大学工业设计与工程专业 | 中国艺术研究院工笔画艺术研究院第二届工笔画高研班学员

1. 2000 年，在作品《欢乐颂》表演秀中担任模特小天使。
2. 2011 年，参加香港国际时装周。
3. 2012 年，赴俄罗斯参观学习。
4. 2012 年，担任中国（青岛）国际时装周时装发布会《歌剧魅影》舞台设计。
5. 2013 年，设计作品《带我走，下半生》荣获时报金犊奖优秀奖。
6. 2013 年，在澳大利亚多元文化出版社与刘涛合作出版插图书《圣经故事》。
7. 2017 年，作品《生命·米》荣获第二届无界（中国区）青年艺术奖。
8. 2017 年，庆祝中国国际时装周 20 周年，作品入选《2017·中国服装创意造型技术展》。
9. 2017 年，在青岛出版社出版插图书《古诗朗读》。